活出
最佳自我

BEST SELF

Michael Bayer

[美] 迈克尔·拜尔 —— 著

张淼 —— 译

中国科学技术出版社

·北 京·

本书中文简体字版通过 **GRAND CHINA HAPPY CULTURAL COMMUNICATIONS LTD（深圳市中资海派文化传播有限公司**）授权中国科学技术出版社在中国大陆地区出版并独家发行。未经出版者书面许可，不得以任何方式抄袭、节录或翻印本书的任何部分。

北京市版权局著作权合同登记　图字：01-2022-5243。

图书在版编目（ＣＩＰ）数据

活出最佳自我 /（美）迈克尔·拜尔
(Michael Bayer) 著 ; 张森译 . -- 北京：中国科学技术出版社，2024.3
　　书名原文：Best Self
　　ISBN 978-7-5236-0364-2

　　Ⅰ.①活… Ⅱ.①迈… ②张… Ⅲ.①人生哲学－通俗读物 Ⅳ.① B821-49

中国国家版本馆 CIP 数据核字 (2023) 第 220808 号

执行策划	黄　河　桂　林	
责任编辑	申永刚	
策划编辑	申永刚　方　理	
特约编辑	张　可	
封面设计	东合社·安宁	
版式设计	吴　颖	
责任印制	李晓霖	

出　　版	中国科学技术出版社	
发　　行	中国科学技术出版社有限公司发行部	
地　　址	北京市海淀区中关村南大街 16 号	
邮　　编	100081	
发行电话	010–62173865	
传　　真	010–62173081	
网　　址	http://www.cspbooks.com.cn	

开　　本	787mm×1092mm　1/32	
字　　数	190 千字	
印　　张	9	
版　　次	2024 年 3 月第 1 版	
印　　次	2024 年 3 月第 1 次印刷	
印　　刷	深圳市精彩印联合印务有限公司	
书　　号	ISBN 978-7-5236-0364-2/B·157	
定　　价	69.80 元	

（凡购买本社图书，如有缺页、倒页、脱页者，本社发行部负责调换）

BEST
SELF

你是独一无二的，

世界上不会再有像你一样的人。

过日子的是你，而不是其他任何人，

鞋子合不合脚只有自己才知道。

你不必做到完美，

没有人是完美的。

你要做的，就是告诉自己：

"我不比任何人好，

也不比任何人差，

我已经足够好了！"

BE YOU, ONLY BETTER.

本书赞誉
BEST SELF

詹妮弗·洛佩兹

美国最具影响力的西班牙语系艺人，好莱坞拥有最高片酬的女星之一

当你阅读《最佳自我》时，你会明白迈克教练的公式将改变的力量掌握在个人手中。他鼓励人们深入挖掘，问自己一些基本但重要的问题，比如：你到底想要什么？你害怕什么？谁在阻碍你？他向人们提出挑战，要求他们努力真实地生活。这本书是任何想在生活各个领域在人生各个领域发光发热的人来说，是本必读之作。

姜维勇

文化学者，作家，深圳大学城市文化研究所特约研究员，深圳之窗城市阅读推广人

大部分人都会面临一个无法回避的问题：如何面对无意义的工作？如何走出无聊、无奈、无趣的陷阱。迈克尔"最佳自我"模型不仅仅是针对以上问题具体可行的解决方法，也是充满智慧的哲学表达。作者用

通俗易懂的心理咨询案例，启发我们审视梦想、认清自我，过好当下的每个瞬间。不怀疑，不纠结，不抱怨，走出属于自己的成功之路，我们内心向往的惬意生活自然触手可及。

费葶丽

凤凰卫视前资深记者和编导，上市公司高管，《女性的力量》作者

　　作为《纽约时报》畅销书《活出最佳自我》的作者，迈克尔从自我的人生困境中杀出了一条血路，他也因此拥有了将个人体验转化为如何活出最佳自我的群体经验。不管是名利双收的大明星，还是寻常烟火的普通人，每个人的一生多不免遭遇种种艰难。在身体疾病等健康挑战之外，你我可能还需面对心理沉浮的挣扎。迈克尔提出的"最佳自我"模型，不仅能让我们在生活实操中拥抱真实自我，更能活出激情的自我并最终超越自我，得到全然的生命大智慧。

郭　睿

威科夫技术中国推广先行者，著名私募机构顶级交易经理人

　　《活出最佳自我》无疑是一部指导个人发展的最佳手册，通过本书我们可以最高效地发挥潜力，成为我们想成为的人。迈克尔教练是一位以行动和结果为导向的教练，他认为只要集中精神，肯花时间，每个小小的举动可能会造就强大的力量。书中的测验和练习也都是一次次直击人心的叩问，悄然之间让你的生活的每个方面都得到了长足的改善。

人活的不是一辈子，而是当下的每个瞬间

——跟着人生教练迈克尔·拜尔书写你的最佳自我

世界顶尖级的人类潜能研究专家，美国当今第一励志大师
菲尔·麦格劳（Phil McGraw）

让我们来快速地做道数学题：如果你现在 25 岁，就已经活了 9 131 天；如果你现在 40 岁，就已经活了 14 609 天；如果你现在 50 岁，就已经活了 18 260 天……我打赌，这成千上万的日子里真正令你印象深刻的应该屈指可数。不管是积极还是消极，改变你生活的"纪念日"只有那么几天。和你打过交道的无数人之中只有寥寥几个对你产生过深刻的影响。如果说到不可磨灭的影响，我想那应该更是少之又少了。

读过人生教练迈克尔·拜尔的《活出最佳自我》后，可能你的"感恩纪念册"上会多出一个人。

任何咨询师或者演讲者都可以自称"人生教练"，但是在这个瞬息万变的世界，只有极少数的人积累了足够多的资历、经验和智慧，能够帮助人们在快节奏、高要求的生活中找到前进的方向。

迈克尔教练算得上真正的专业人士，《活出最佳自我》则是他主导创作的培训指南。这本书会教你如何以最有效的方式发现最佳自我，充分开发潜能。迈克尔·拜尔是一位行动为导向的教练，他会告诉你如何在人生的各个领域实现目标，不论是社交领域、个人领域、工作领域，还是精神领域。迈克尔教练认识到，主宰着人生各个领域的其实都是同一个人，那就是你自己。

迈克尔教练推动着人们在生活中做出合理的改变。我与他共事，看着他帮助大家改善生活，逐渐了解到他的为人。读完迈克尔·拜尔主导创作的《活出最佳自我》，你一定会深受启发。迈克尔将成为你的人生教练，他会引领你思考一些你可能从未思考过的、深刻的，甚至具有挑衅意味的问题。迈克尔接受人们的现状，也绝不会去评判他们，而是温柔地、极具同理心地引导他们找到真实自我。在阅读这本书的过程中，相信你也会感受到同样的关怀，当你在生活中取得了长足的进步时，你也会感到无比振奋吧！

就像我常说的：改变的第一步是承认你的现状。是时候坦诚地面对自己了。你也许会想，我不可能改变得了自己，人际关系也被我毁到了难以修复的程度。我已经毁了我的人生，梦想已变得遥不可及。但事实并非你想的那样！只要你愿意努力，并且承认你确实需要做努力。不过你还需要做些准备，那就是相信自己可以改变，并且愿意去改变，以及阅读迈克尔·拜尔的《活出最佳自我》。过去已经过去，未来尚未到来。把握当下，翻开这本书吧！

人生无法重启，但每前进一步，
生活都会更好一点

　　飞机正在进行最后的降落，这不是一条飞行的常规路线，从洛杉矶到伊拉克的埃尔比勒没有直达的航班，我在路上耗了整整一天。我的身体疲惫不堪，但随着飞机越来越接近目的地，我的精神逐渐兴奋起来。

　　几乎每一个认识我的人都不理解我为什么会想来这里。这里有人正在寻求我的帮助。飞机离地面越近，我就越确定自己是心甘情愿地放下大家口中我那完美的"美国梦"，走进人们眼中的"黑暗之心"。

　　有时候，我们必须走进黑暗，才能理解到底什么是光。我对黑暗并不陌生。16年前，我第一次独自面对黑暗。当时我放纵了一整个星期，站在浴室里，抬头瞥了一眼镜子里那憔悴、病态的自己，发现我内心的光亮已经完全被黑暗遮蔽了。当时，我只有20岁，我不明白自己是如何从福特汉姆大学（Fordham University）①篮球队的一名临时队员变

———————————
① 福特汉姆大学是美国一级国家级大学，与哈佛大学、加州大学伯克利分校等大学并列。

成一个完全脱离现实，生活在一种纯粹妄想状态中的行尸走肉。在我看到镜子里那可怕的自己之后，花了好一段时间我才清醒过来，后来生活中发生的一切都是因为我决定踏上改变的旅程。

飞机减速，我因为惯性而猛地前倾，一下回到了现实。当我走出机舱，被一群穿着黑色西装、带着枪的男人引导着迅速走下台阶时，我意识到，这简直是另一个世界。他们护送我上了一辆装有防弹窗的普通 SUV。我们抵达附近的一座大楼，我要在那里办理海关手续。我提出要去洗手间，他们指向一扇门，我走了过去。

转动门把手时，我的心思完全不在里面的设施上。我已经记不清自己进行过多少次这样的仪式了，也许有 2 000 次，但我永远不会忘记第一次。很难想象，那已经是 12 年前的事了。如果当时我知道它会成为我生活中的支柱，我会考虑是否要在洗手间里做这件事，但其实这是最合理的地方。在生活中，无论你走到哪里，基本上都少不了洗手间，而且这个地方应该最能为你提供隐私。尽管如此，这些年来，有些人像看疯子一样看着我，我还是会觉得有点尴尬。

这是一个标准的洗手间，里面有几个隔间，一排洗手池，靠近门的地方有一面全身镜，完美！我放下包，从纸巾盒里抽出两张纸巾，轻轻地擦了擦地板，然后跪在一个洗手池前，闭上眼睛，就这么跪了一会儿。我在每一次尝试新事物之前都要进行这个仪式，这是整套仪式中的第一部分，象征着谦卑。我来到这里是为了服务他人，而不是赞美自己。它可以让我摒除自负，消除任何恐惧，让自己不去想结果，因为只要我做真实自我，结果就不重要。

然后我站起来，看着镜子里的自己，这是例行仪式的第二部分。

我身高 1 米 98，是这里唯一的美国人，人们很难忽略我的存在，走进洗手间的人是否会对我的古怪行为感到诧异，我就不知道了。我很投入地进行这个仪式。曾经有一段时间，我觉得这整件事都很荒谬。然而，现在不同了，这套仪式已经变得非常重要。

在镜子前盯着自己，作为一种精神上的反省，这是一个简单的仪式，但意义深远。一路走来，我学到了一件事：小小的举动可能会造就强大的力量。我知道只要花时间集中关注自我，并确保做出的决定根植于我的精神真理，我将能够以最佳状态出现在客户面前，并完全专注于他们。换句话说，这么做可以忘我地应对每一种情况。

所以，我站在那个公共洗手间里，离镜子几英寸远，看着自己的眼睛，就像往常那样，脑海中浮现出曾经共事过的人们的形象，一张张脸就像毯子一样铺开呈现在我面前。尽管这个仪式是要审视自己的内在，但关于其他人的记忆也会浮现在我的脑海中，因为他们帮助我与真实自我、我的目标、我的激情连接在一起。我和这些人一起战斗过，我非常感激这些经历。

愤怒无助的男人，坚决离开的女人

那天我脑海中浮现的人是怀亚特，一位胖胖的、富有的首席执行官。他的脸颊因愤怒而涨得通红，眼睛肿胀充血。这可能是我职业生涯中做的第 50 次干预，而且是很多年前的事了，但我仍然经常想到这个特殊的案例。

萨拉是怀亚特绝望的妻子，她害怕这个反常的丈夫。这位曾经慈爱的父亲掐过萨拉的脖子，他们家四个孩子都惊恐地盯着这一幕。他的生意失败了，因为员工们已经厌倦了畏缩在角落里，听着他愤怒地长篇大论。他的愤怒像一列失控的火车，没有人知道他会跑多远。在和萨拉第一次通话时，我就知道我是合适的人选。

为了给干预做准备，我不得不去购物。萨拉提醒过我，如果我不穿西装打领带，就永远没有机会和他交流。这是一个奇怪的要求，但我还是听从了她的建议，希望这至少能让我赢得这个自负之人的一点尊重。所以，我穿着借来的西装（当时我买不起西装），站在一栋豪宅的金色门厅里，等待着。

然后，走廊突然传来了他响亮的脚步声。房间里的紧张气氛加剧。

他出现在门厅里，一看见我就皱起了眉头，但没有说话。然后，怀亚特像一头饥饿的狮子一样慢慢地围着我转，眯着眼睛看我。最后，他咬着牙问道："你是谁？为什么要闯进我家？"

"我是迈克尔，你妻子邀请了我，所以我不是擅自闯入。顺便说一句，很高兴见到你。"

"我的妻子，是吗？她不会阻止我把你踢出那扇门。"怀亚特回答道。

"如果我离开，她也会离开。"我平静地回答道。萨拉点头表示同意，我的出现给了她力量，实际上我是她的保护者。

怀亚特快速朝我走了两大步，刹那间，我们真的鼻子对鼻子了。"你以为你是谁？现在就给我出去！"他大声吼道。我朝他假笑了一下，没有继续盯着他看，然后慢悠悠地走到那张华丽的沙发前，脱下刚买来的锃亮的黑色皮鞋，把脚架在搁脚凳上，背靠在靠垫上，摊开双臂。我这样回应是因为我知道，和这样的男人在一起，你必须让自己变得难以控制，而且要足够可笑，让他失去平衡，让他看到你疯狂的一面。

"你有茶吗？"

女主人萨拉回答说："当然。我们有红茶。"

"有花草茶吗，比如薄荷茶？"我看得出怀亚特开始失去理智了。我想激怒他，因为痛苦就隐藏在那愤怒的外表之下。我们越快触碰到痛处，就越快能取得进展。

"对不起，没有，我们只有红茶。"她说道。

"真的吗？哇哦。在这样的豪宅，应该什么茶都能喝到。好吧，红茶也可以。哦，请帮我加点蜂蜜。"

砰！怀亚特爆发了。

"你真的要让这个人，这个陌生人，介入我们的私事吗？"怀亚特突然对他的妻子说，但她坚持自己的立场，毫不动摇。

"没错，我就是要这么做。坐下来听他说话，不然我就带着孩子离开这个家，而且那将是你最后一次见到我们。"就像我们之前练习的那样，她做到了。这些话似乎是脱口而出。

从我们初次见面到现在才过 24 个小时，正是在那次会面中，她意识到了一些关键的事实：

> 她意识到，她的孩子们屡次看到父亲晕倒在地板上；
>
> 她意识到，孩子们会认为，女性就应该受到贬低和虐待；
>
> 她意识到，这个吸血鬼榨干了她的生命；
>
> 她意识到，她和她的孩子应该受到更好的对待。
>
> 最重要的是，她意识到，自己不想再身陷其中了。

怀亚特感到心烦意乱。他无法理解一直对他唯命是从的妻子为何不受控制了。他满脸通红，跺着脚向厨房走去。当我们等待他的下一步行动时，屋子里一片寂静。然后，他手里拿着一杯酒回来了。

"苏格兰威士忌。那是你最喜欢的吗？"我问道。

"它能让我放松下来。"怀亚特喝了一口，坐下来，松开了领带。"鞋子不错，"他的语气里透着一丝嘲讽。

"谢谢！我很感激一个拥有衣帽间的人赞美我的鞋子。"我说道，心里想着，我昨天才买了这双鞋，以前我从来不需要一双像样的鞋子来修饰自己。

环顾四周，我看到远处有一部电梯。"不错的电梯。谁家里还能有电梯？"我问道。幽默可以打破僵局，但这也是一次冒险。怀亚特斜看了我一眼。

"我有。不过很讨厌，我被这该死的东西困住过太多次了。"

我们的谈话继续着，而且似乎很有成效，一杯苏格兰威士忌很快变成了五杯。当我把话题转向我的计划时，怀亚特变得好斗起来，于是萨拉带着孩子们去了一家旅馆。她之前曾多次威胁要离开，但那天晚上她做到了。与其说怀亚特感到紧张是因为看到家人走了，不如说是因为他们那么轻易就离开了。像任何自恋者一样，他享受自己的威慑力。但这次他们不再害怕了，这可把他吓坏了。

"我在生意上还有些事情要处理。我不能就这么消失。"

"我知道一个地方，在那里你可以使用电话和电子邮件，可以处理生意上的事情。"

怀亚特沉默了很久。

"好吧。但不是今晚，明天早上吧。"

"八点来接你。"

第二天早上，我们肩并肩坐在一辆汽车的后座上，一起踏上了通往怀亚特人生新篇章的征程。

我也曾自我怀疑，直到遇见了你

一段记忆闪过，我重新专注于当下，大声念出："你做到了。"多年来，这句口头禅不断演变，最初是"相信你自己"，然后是"你很可爱""做你自己"，然后是"你已经够好了""说出你的真实想法""你就在你该在的地方""我爱你"，现在是"你做得到"。

在我20岁出头的时候，我第一次进行这个仪式，当时也是我第一次进行干预，我感到非常无助。那天一切都很不顺心，我的打印机没油墨了，我没有记住公司要求我记住的话。事情接二连三地发生，干预结束时，客户打电话来，以我缺乏经验为由，要求退钱。

自从那次过后，我的仪式都回应了我的需求，不论结果如何，我都感觉我已经赢了，因为我工作的出发点是真诚而深切地想帮助他人。我无法控制或预测其他人的行为，但我可以肯定，我一直在遵循着自己的想法行动，这就足够了。

我深吸一口气，从洗手间的地板上拿起我的东西，和门外的安保人员会合，然后继续前进。我们还有很多事情要做。从这里的 A 点抵达 B 点，并不像我在好莱坞的日常通勤那么简单，甚至比通过拥挤的洛杉矶街道还要艰难得多。

尽管如此，我在这里感觉就像在家里一样。在到达之前，我和我的向导通了几次电话，所以我大概知道我要去哪里，要见谁，但要准备好进入陌生的世界还是很艰难。可以肯定的是，我需要远离平时那些客户，至少暂时离开一段时间，以一种新的方式发挥我的能力。

　　通过追寻与现实情况相反的极点，来达到生活上的某种平衡。这种二分法让我脚踏实地，心存感激。我最近的客户大多是名人，他们拥有一切他们想得到的资源，而这里的人失去了一切。事实上，在接下来的一周，我不太确信自己是否能为他们做些什么。

　　我们把车开到尘土飞扬的营地，那里有一排排简陋的帐篷，帐篷之间挂着破破烂烂的衣服。许多孩子在奔跑，他们高兴得又笑又叫，我感到很震惊。他们正在踢一个褪色的足球，它的接缝处快要裂开了。看到这一幕，我才能够理解，尽管困难重重，但这里还是有希望的。这里有光亮存在。

　　当汽车在营地附近停下来后，我下了车，开始四处走动，那些满头灰尘、衣衫褴褛的孩子们立刻向我涌来。他们眼中那种天真无邪，那种好奇并没有消失。那些身无分文的人似乎心怀着最大的希望。我来到这里是为了帮助他们，就在我踏上旅程的几个小时后，我从他们那里获得了一份礼物。我的内心充满了喜悦。

　　和你们分享这个故事，是因为它是我与真实自我的精神和情感连接的显现。几年前，如果你说我会去埃尔比勒，我肯定不会相信你。不过，当你过着符合真实自我的生活时，不可思议的事情就会发生。

　　有时候，追随真实自我意味着要有一个信仰的飞跃，即使你不完全明白它会带你到哪里去。当我登上飞机时，我对目标一点也不确定。

我想要帮助那些战争的受害者，但是我对如何实现这个目标只有很模糊的认识。当我站在那个营地里，我想用尽全力去开创和推进一些项目，如果我能为这些孩子提供心理咨询，帮助他们建立自我价值，他们就可能有不一样的人生。在那次旅行中，我愈发清楚地意识到，我要帮助他们改变生命的轨迹，这将会是一段持续不断的旅程。

我想让你意识到，旅程就是目的地。我们所有人都在不断地发展和转变，我们不知道在转变后会成为什么样的人，会在哪里。在这个过程中，如果你发现了任何黑暗（我将其定义为生活和最佳自我不同步的地方），那么我的工作就是照亮你，让你重新调整。我知道我能帮助你实现这一点，部分原因是我在自己的生活中做到了。

在我的职业生涯中，大约有一半的时间，我都是在与那些处于低谷期的人们共事，帮助他们走出困境。在另一半时间里，我帮助过一些人，他们不一定处于低谷，但他们知道可以过得更快乐，只是不知道从哪里开始改变。我喜欢和面临不同问题的人一起工作，寻找平衡。我在生活的各个方面都寻求着平衡。它给了我一个广阔的视角，也意味着无论你从哪里开始，我都能遇见你，并帮助你到达你想去的地方，因为我相信有一些普遍的生活规律适用于我们所有人。

让我带你逃离那所"燃烧的房子"

我敢打赌，和我共事过的大多数人境况都比你差得多。一开始，我是一名酒精和药物滥用咨询师，在最负盛名的康复机构工作。后来我成了一名干预师。这意味着某个人不愿意做出改变时，就会有人给我打电话。这种干预往往是非常不稳定的。没有人希望回家后看到他们的家人、朋友和几个陌生人坐在客厅里，摆好架势准备干预他们。情况往往非常紧张，也可能变得相当戏剧性，但最后，我能够帮助那些人做出改变。如果你正在读这本书，而且你渴望改变，那么你已经迈出了第一步，而且是一大步。改变掌握在你手中。

当我在 2005 年开办塑造中心（CAST Center）的时候，我的初衷是创造一种人性化的策略来应对生活中的所有挣扎。从一开始，当我们在我位于加州威尼斯海滩的小公寓里营业时，就提供了许多有根据的方法来帮助人们改善他们的生活。这不仅仅是一个简单的诊断。真正的问题在于，当生活与真实自我不一致时，要不就是因为他们在遵循家族的生活方式而不是走适合自己的路，要不就是他们还在按照十年前的方法做事。

他们因为害怕或其他原因封闭自己，无视了生命的馈赠。每个人的情况都是独一无二的。有些人需要药物治疗；有些人可能需要针对抑郁症或创伤后应激障碍（PTSD，post-traumatic stress disorder）进行特殊治疗，在某些情况下可能需要运用认知行为疗法；有些人也许正经历着失去亲人的悲痛，无法继续前进。在我看来，有必要制订一个清晰的、个性化的计划，让人们能够遵循这个计划，重新回到正轨，或者在改变生活的事件发生后，接受他们的新常态。

想象一下，如果某个人的房子着火了。首先，你要确保人身安全，将他们带离燃烧的建筑物。但之后还有很多事情要做，对吧？你不能在对方脱离危险之后就停下来，然后让房子就这样全部焚毁。消防员来了，扑灭了大火，然后你要处理保险索赔，处理善后工作，重建房子或搬家，买新家具，等等。但是当一个人经历了人生中重大情感事件，他们通常不会采取必要的步骤来积极地应对这件事。这就像是让他们搬回被烧毁的房子里，然后告诉他们不要理会那些灰烬。

多年来我一直以干预师的身份工作，我帮助过失去了家族创办的大学和退休基金的赌瘾者；帮助过在配偶去世后，几个月都没有离开过家的恐旷症（Agoraphobia）患者；帮助过暴饮暴食者和家庭暴力的受害者；帮助过需要在全球音乐巡演中净化心灵的流行歌星等。然后我利用这些经历成了一名危机管理家。有时候没有必要送他们去治疗，但需要有人在身边帮助他们渡过难关。

把我想成是能引领你做出改变的人。我知道什么会让人做出改变。社会上有一种普遍的信念：人是无法改变的。这是百分之百错误的。如果人们无法改变，那么我将仍然处于黑暗中；如果人们无法改变，那么没有人能减得了肥；如果人们无法改变，就没有人能成功戒烟；如果人们无法改变，那么基本上每个人都将难逃厄运。我见证过人们克服各种障碍（创伤、亲友的逝世、精神疾病、身体残疾），从而改变了他们的生活。他们做到了，我做到了，你也可以做到。

还记得萨拉吗？当怀亚特这个曾经深爱她的丈夫变成一个野蛮怪物时，绝望地给我打电话的那个妻子。她找回了她那个善良、温柔的男人，并重新获得了发言权。怀亚特接受了戒酒治疗，并参与了愤怒管理，但同样重要的是，他意识到自己继承的事业一直在蚕食他的灵魂。他每周花70多个小时在那些他一点也不关心的事情上。

最后，他卖掉了家族企业，买了一个马场。他从十几岁开始就没有再骑过马，这正是他需要弥补的。他还没有清晰地认识到这一点，就已经在马厩里养了几匹冠军纯种马，还成功经营了一个马术治疗营。他每天都怀着新的目标迎接新的一天。我经常收到萨拉发自内心撰写的电子邮件，邮件里有他们孩子的照片，他们都在茁壮成长，因为怀亚特决定面对自己的问题，所以一家人都在受益。当一个人选择改变并真实地生活，其带来的连锁反应可能是惊人的。

你觉得你现在过着最好的生活吗？

去年，当我回顾那些通过塑造中心改变生活的人们时，我开始渴望通过某种方式与全世界分享这些策略。我迫切地想让人们面对自己真实的感受，找到人生的方向，真正地成为自己人生的主角，让人们知道，他们值得过上他们想要的生活。因此，我创办了"巡回塑造"（CAST on Tour）活动，这个活动在 70 个城市举办，邀请一些走出黑暗迈向光明的励志演说家和名人现身说法。

3 万多人参加了这次活动，我们一宣布活动消息，票就卖光了。人们渴望知道如何才能过上更好的生活。活动举办之后，有几十个人来找我，告诉我他们从未谈及内心所承受的情感挣扎，但现在他们准备做出改变，与最佳自我保持一致。他们实现了强大的自我突破，与自己的人生目标保持同步了。见证他们与最佳自我相连接的那一刻，激励着我前进。每个人都可以做最佳自我！他们只需要清楚自己最好的一面是什么样子，然后找到方法去拥抱它。

我最近做了一项调查，得到了数千份回答，其中一个问题是："你觉得你现在过着最好的生活吗？"回答"不"的人占了 81%，你可能会感到震惊，但我一点也不惊讶。那你会怎么回答这个问题？我的答案是：总有提升的空间。

如果你难以承认自己的现状——你现在的生活与你真正渴望的或应得的生活相去甚远，那么我想让你知道，并非只有你一个人这样。但正如我的朋友菲尔博士经常说的，"你无法改变你不承认的东西。"让我们承认有些事情需要改变吧，我是来帮助你的。这就是我写这本书的目的。我很高兴能与你们分享我的观点，分享多年来与客户合作的经验教训，以及帮助那么多人发现最佳自我的练习成果。

我们相信人生不可以重来这种说法，但没有哪条规则限定你在生活中停滞不前。在这本书里，我将为你提供一份适合你的计划，通过发现和成为最佳自我来重塑你的生活。我已经重塑了几次，事实上，我正在进行另一次重塑。是否要改变由你来决定，一旦开始改变，我想你会对它的进展速度感到惊讶。你可以的，让我们开始吧！

目 录
BEST SELF

这可能是你第一次看见真正的自己

请相信,你的内心深处一直存在着自由而强大的最佳自我。

你是独一无二的。

可能你以前听过这句话,但这次我希望你重新想想它的意义。鞋合不合脚,只有你自己才知道。你的所有经历、想法、感受、基因特质和情绪都只属于你一个人。没有另外一个你,以后也不会有。你不比任何人好,也不比任何人差。当你感觉自己还不够好的时候,其实你已经足够好了,原因很简单:你就是你,唯一的你。

你拥有一些与生俱来的特质,这些特质让你与众不同。你携带着来自父母的基因特质。你可能感谢父母把一些基因特质传递给了你,然而有的人也可能想把一些基因特质还给他们!但是基因特质只占据你故事中的一部分,而且只是一小部分。

我们的故事从幼年就开始了,尽管在那个生命阶段,我们无法控制身边的人和事。但了解在我们生命最初的阶段所发生的事还是很重要的,这样我们才能意识到,我们成年之后表达自我的方式是否符合我们的本真。更重要的是,通过了解这些事,我们能知道是哪些负面故事影响着我们现在的行为。

你可能会好奇，我们怎么会脱离自己的本真，那么现在我们来客观地看看一个人的典型成长过程。以下例子基于我多年的执教经验总结，可能不能完全代表你的经历，但我打赌不会相差太远。

踏上自我发现的奇幻之旅

我们被动出生在某一类原生家庭中，无法主动选择自己的成长方式。不同家庭的互动方式各不相同，而我们的家庭中的基本价值观可能与我们自己的价值观相符或不符。我们将在第 9 章中深入讨论价值观的话题，但最重要的是，我们性格的早期形成很大程度上受到原生家庭的影响。

我们大部分人都会参加学校或团体活动，这些活动教会我们如何社交。我们也会发展兴趣爱好。在成长到某个节点，我们开始形成了一种对与错的直觉。最终随着身体逐渐发育成熟，我们开始学会照顾自己，对自己的身体健康负责。

我们当中很多人离开校园后似乎都不再继续学习，只是满足于我们已经获得的知识。我相信，很多人之所以不再渴求新知识，是因为我们发现那些硬灌输给我们的知识对我们往后的人生毫无用处，因此对教育和学习的认知发生了转变。

我们从子宫开始建立第一段人际关系，也就是我们和母亲的关系。后来，我们逐渐长大，与直系亲属建立了关系。接着，青春期开始了，伴随着激素引起的一系列令人困惑的情绪，我们很多人都初建了恋爱关系。到了准备自立谋生的时候，我们学习了如何承担财务责任。我们可能会从事不那么符合人生目标的工作，但这些工作是一种扎实的锻炼，我们由此过渡到成年。在成长过程中，我们还可能会形成信仰。然后我们可能会下意识决定，是选择继续践行信仰，还是在该信仰范围内做出转变，或者选择另一条道路。

以上概括比较宽泛，是从幼年到成年最常见的成长路径全景图。但是我想问你，在这段旅程中，我们什么时候能学会与最佳自我连接？

学校不会教我们这个技能，我们的父母也很可能不会教，因为他们可能也没有和最佳自我连接，即使他们有连接，这种连接也并不一定不持久。我们的朋友当然也没有这种技能。所以后来我们很多人都会对生活中的某些方面感到不舒服，但也无法完全说清楚原因，只是知道有些事情不太对劲。这是因为我们并没有成为真实自我。

发生了很多事情后，我们才知道自己是谁或者我们相信自己是谁。有些事件会帮助我们巩固真实自我，有些事件会让我们更加远离真实自我。例如，我们可能会发现自己在某个领域有从事志愿服务的热情。本质上这是一种回报外界的活动，它有助于巩固最佳自我的品质，慷慨和利他主义也是如此。另一方面，如果我们受到某种虐待或忽视，就很可能会对自己形成负面信念，甚至错误地认识自己和周围的世界，于是更加远离最佳自我。

我们的大脑就像照相机，观察着我们成长中的每一瞬间，拍下每一个重要的时刻。我们在这些时刻会产生不同的想法和感受，并与记忆联系在一起，并且有些重要的想法和感受会非常突出。同时，我们希望有些想法和感受从未发生，尽管它们往往会在最意想不到的时刻浮现于脑海。

3

　　当你踏上自我发现的奇幻之旅时，我希望你记住，在生活中无论你想实现什么，都可以借助这本书提供的工具。尽管我们自己，以及我们的旅程和目标都是独一无二的，但我相信会有一些通用的工具和概念可以帮助到我们。尤其是现在，我们生活的世界喜欢告诉我们，我们应该成为什么样的人。从穿什么到吃什么，从信仰什么到如何向世界展示自己，甚至我们应该从生活中渴望什么。太不合理了！你应该以与真实自我产生共鸣为依据，自己做出决定。

　　社会的很多"规则"对我们个人来说根本不适用，如果我们把所有的精力都用于遵循社会的要求去做事、说话和表现，那么我们只是在浪费时间，我们本可以把这些时间用于发现最佳自我和连接最佳自我。

你的小圈子可以成就你，也可以毁掉你

　　这本书的神奇之处在于，它将帮助你发现生活中需要改进的地方，以及该如何去做。在我的人生之旅中，我发现自己热衷于帮助人们成为最佳自我，这是我每天的动力。我发现，当人们在生活中无法展现真实自我时，就会面临极大的挑战。这听起来可能过于简单，但我一次又一次地发现它是正确的。

　　最近，我的职业生涯遇到了一个转折点，我想把多年来学到的所有东西整合成一本书，这本书的内容关于如何一直以最佳自我投入生活。我写就这本书的目的在于给你一份指导，帮助你解决问题，让你发现最佳自我，并持续成长。

　　无论你现在是什么状态，这本书都能够以一种强大的，甚至让意

4

想不到的方式帮助你改善生活。你可能正处于人生的最低谷，可能正面临着迄今为止最大的挑战，这本书能够帮助你找到自己的路，让你感到比以往任何时候都更有力量。或者你可能觉得自己在"惯性滑行"，生活还算过得去，但你内心深处知道，你想要更多，而且也应该得到更多。这本书还能够帮助你发现或重新发现你的目标，并以意想不到的方式激励你。

可能你觉得你的生活还不错，但是始终有些问题困扰着你，而且还没有找到正确的方法解决它。这本书能够让你让你有效地面对和解决这些问题，并实现你的目标。你是否希望……

◎ 拥有积极、正向的社交圈。

◎ 学会内心对话或自我关怀，改善你与自我的关系。

◎ 提升你的感知力和信念感，实现精神富足。

◎ 扩展你的知识边界，拥有更广阔的视野。

◎ 拥有一份能够实现个人抱负的事业。

◎ 把自己当作身心健康的第一负责人。

◎ 改善你与家人、伴侣和孩子的关系。

这些目标你都可以实现。即使你还不确定自己想改变什么，但是只要你知道自己目前并没有过上理想的生活，我们就可以一起找到你的目标，并帮助你实现。

我们都知道生活不可预测，因此我不可能每时每刻陪伴你去思考问题。但是当问题出现时，或者生活中的变化左右了你的目标时，我可以确保你的内心有一个明确的声音指引你前进。在遇到困难的时候，你要能够保持冷静，进行批判性思考，形成客观的、具有逻辑性的观点。为了做到这一点，我们将用到"最佳自我"模型（Best Self Model，见图 1.1），它由我多年来与客户一起完成的练习所组成。无论是对一位超级优秀的高管，还是对勉勉强强赚房租的打工人来说，"最佳自我"模型都是有效的。

图 1.1 "最佳自我"模型（Best Self Model）

这个模型能够帮助你评估自己和生活中的其他人，看看什么是真正可以推进的，什么是需要及时止损的。模型中有七个关键词，分别代表七个生活领域（SPHERES）：社交生活（Social life）、个人生活（Personal life）、健康（Health）、教育（Education）、人际关系（Relationships）、工作（Employment）、精神生活（Spiritual development）。

在生活中选择与谁共处是非常重要的，所以我们将以客观的眼光来看待你生活中的这些人。我们将决定你可能需要更多地接触什么样的人，以及你可能需要回避什么样的人。你的小圈子可以成就你，也可以毁掉你，所以这是整个过程中关键的一步。

"最佳自我"模型之所以适用于如此多不同的人，是因为我不会告诉你你应该成为什么样子，而是由你自己定义最佳自我。但我发现，不同的最佳自我有一些共同的特征，其中一个就是善良的本性。在内心深处，我们并非有意评判自己或他人。我不能接受那种欺负了人，还认为自己不过是"有话直说"的态度。那些人通过攻击他人把自己的痛苦发泄出来。而且，我觉得自尊心低的人通常还未成为最佳自我，看低自己往往是由于一个人正在承受某种痛苦。我相信，在内心深处，我们都是无所畏惧、不在意面子、诚实、强大、感恩和自由的。

在这一章里，让我们通过仔细观察你最喜欢自己的一些性格特点，去发现你内心真实的声音。在第 2 章，我们将会看一看你性格上的缺陷。我们每个人都有性格上的缺陷，通常要到迫不得已的时候，或者当我们遇到有相同缺陷的人时，我们才愿意面对它们。我们喜欢把这些"缺陷"隐藏起来，但我们要之后做一件很酷的事情，那就是把这些缺陷暴露在阳光之下，利用它们为你造福。换句话说，它们根本不算是缺陷。它们只是你的一部分，而我们要学会利用你的这一部分。

一旦认清了这两种性格特点，我们可以发挥想象力，一起创建你的两种形象，类似于"天使和恶魔"或"英雄和他的死敌"这样的角色。但我们会具体一点，取好名字，甚至把它们画出来！我是认真的，你把你的角色刻画得越细致越好，这样你才知道是哪个角色在控制着你的某些行为、想法和心情。

这将是一项强大而高效的练习，所以我要确保你完全投入其中。

练习书写的强大力量

我经常听到人们说要是能有更多时间写日记就好了。那现在就可以开始写了！这本书将要求你通过写作进行大量的自我反省，所以我强烈建议你买本你喜欢的日记本，不过如果你更喜欢在手机上写日记的话，也可以安装一个日志应用程序。

根据本书写下的内容不管是对现在还是未来都非常有用！当你发现自己偏离了正轨，面临着重大决定的时候，或者你只是想与新发现的最佳自我保持连接，你就可以回顾一下自己写的内容。

每当我想到写日记，脑海中就会浮现出一个故事，主角是多年前与我共事过的一位明星音乐家。这个人是我有幸共事过的最慷慨、最善良、最有趣、最聪明的人之一。除此之外，他还是一位才华横溢的艺人歌手。一天，他的经纪人打来了电话，请我去纽约和他见面。我有一段时间没见过他了。他以前是一个乐队的队长兼主唱。女士们喜欢他，男士们想成为他，他曾经是一个典型的明星偶像。

但那天我看到的他并不是我所认识的热情、乐观的那个他。自乐队解散以来，他基本上一直"停滞不前"。他接到了各种各样的项目邀请，他会接一个项目，但突然又决定不做了。他在身份危机中挣扎，但他必须作为一个独唱艺人去奋斗。他还需要重塑自己的形象，因为在过去他的身份一直和乐队捆绑在一起。

我们马上开始了咨询，让他把眼下的感受列成一份清单。他用了诸如沮丧、不确定、不信任、阴暗等字眼。当我让他说出心目中的"反英雄"①时，他很快就想到了"米纳斯"（Minus）。他向我解释说，米纳斯把房间里的生气都吸走了。我问他，在生活中有多少次是"米纳斯"在发号施令，他说，大约有80%的时间都是"米纳斯"在发号施令。

然后我们开始讨论他的最佳自我，他给最佳自我起了一个名字叫"拉尔夫"（Ralph，见图1.2）。当我们开始讨论"拉尔夫"的细节时，他明显变得自信了。他解释说"拉尔夫"是一只松鼠。这是他为"拉尔夫"画的一幅画：

图1.2 具象化的最佳自我形象 ——松鼠"拉尔夫"

"拉尔夫"的形象越具体，他就越意识到，他可以让"拉尔夫"来主导一切，而不是"米纳斯"。当然，这个转变不是一蹴而就的，我们

---

① 是与"英雄"相对应的一个概念，是美国漫画、电影、戏剧或小说中的一种角色类型。作者通过这类人物的命运变化对传统价值观念进行"证伪"，标志着个人主义思想的张扬、传统道德价值体系的衰微和人们对理想信念的质疑。美国漫画中的死侍、惩罚者、红头罩、猫女、毒液都属于反英雄的代表。

必须深入他的内心，了解"拉尔夫"到底是谁。他很快就明白，任何时候他都可以向"拉尔夫"请教，寻求力量和鼓励。他开始把"拉尔夫"当成自己最好的朋友。如果"米纳斯"想要进入这扇门，他可以叫"拉尔夫"来主导一切，重新把"米纳斯"关到门外。

咨询后不久，他创作了一张轰动一时的唱片，并因此获得了多个奖项。正如你所看到的，我们对一个人的内心世界所做的工作，会在现实世界中产生实实在在的影响。如果你能控制自己的思想，那你也会做出相应的行动。当他让"拉尔夫"主导一切时，"米纳斯"一直以来制造和放大的消极想法、感受还有狭隘的信念，都被抛至脑后了。他把"米纳斯"的声音关小，专注于"拉尔夫"带给他的自信。最终，他创作出了有意义、有感染力的音乐，而且还能引起听众的共鸣，因为这些音乐来自他真实的内心。

当然，我的意思并不是做完练习你就能进入百强单曲榜。我想说的是，这种强大的练习可以帮助你重塑自我，或者让你重新找回那个真实自我。

如何使用本书没有标准答案。打开这本书，你就踏上了一段探索之旅。只有当你努力去做了，这本书里的方法才会奏效，所以努力吧，你值得拥有！但如果你只是作为一个被动的消费者去阅读这本书，你将不会得到你应得的一切。好好回答问题、做练习、深入挖掘，你会得到回报的。

未来你也可以再次翻开这本书，你的生活一定发生了什么不同的变化，我保证阅读完之后你会有不同的收获。旅程将一直持续，所以你可以在任何时候运用"最佳自我"模型。

我就是我，是颜色不一样的烟火

现在轮到你写下所有符合真实自我的优秀性格特质了。当你思考要选择什么特质时，让自己置身于不同的情境中，问问自己是如何在这些时刻发光发亮的。你所想的都应该是正面的特质。这些特质都来自你的最佳自我，即你的内核。我有很多客户和朋友都经历过顿悟的时刻，那时候他们会意识到自己的负面特质或性格缺陷并不真正属于自己，它们只是稍纵即逝的感觉。在内心深处，我们都挺好的。

你可以问问自己以下这些问题，开始这段旅程，但如果这些问题无法引起你的共鸣，那也没关系。我只是想让你畅所欲言。

◎ 你对自己和他人有同情心吗？

◎ 你乐观吗？总能在黑暗中看到一线光明吗？

◎ 你会原谅那些曾经试图伤害你的人吗？

◎ 你会勇敢地为自己或他人发声吗？

◎ 你富有想象力，而且经常打破常规吗？

◎ 即使没有人看着你，你也会友善待人吗？

◎ 你能高效地工作吗？

◎ 人们认为你是一个忠诚的朋友或值得信赖的知己吗？

◎ 你爱你的孩子吗？

◎ 你有创造力，并且经常表达出来吗？

◎ 看到路上有垃圾时，你会捡起来吗？

◎ 当冲突发生时，你会努力化解吗？

我列出了一些可以选择的正面积极的特质。找到你拥有的特质，把它们圈出来，或者自己重新建一个列表写下来。

有成就	温和	欢快	传统
活跃	安逸	活泼开朗	酷
有专长	体贴	干净	乐于合作
令人钦佩	有主见	头脑清楚	考虑周到
有爱	让人受益	聪明	沉思
富裕	幸福	有趣	勇敢
讨人喜欢	才华横溢	让人舒服	彬彬有礼
警惕	慈善	友善	热诚
利他	平和	和睦	有创造力
亲切	冷静	人格完整	无畏
平易近人	有才能	有调解能力	得体
有决策力	坚定	健康	博学
专注	灵活	诚恳	有领导力
深刻	自由	有气概	思想解放
有尊严	宽容	乐于助人	有趣味
遵守纪律	友好	诚实	条理分明
谨慎	注意力集中	值得尊敬	可爱
有志向	直率	谦逊	忠诚
尽职	风趣	好客	富有爱心
善于表露感情	富有成效	高尚	宽宏大量
有活力	充实	幽默	成熟

欣喜	有功用	理想主义	有条不紊
效率高	英勇	富有想象力	一丝不苟
优雅	慷慨大方	清廉	虚心

如果你发现自己身上有其他正面的特质，但在没有在我列出来的选项中看到，那么请写在这里：

_____

写出我们的正面积极的特质是很困难的，因为我们不会常常坐在那里思考自己有多优秀。那不是人的天性，而是我们更容易严厉批评自己。希望读完这本书后，你能真正拥抱和承认你所有的优秀特质。这是一项更有成效，更积极的活动！很快你就会客观地看待自己，就好像你站在外面往里看自己，甚至可能这是你第一次真正地看到自己。这需要很强的自我意识，所以可能需要花些时间。如果你有一个值得信赖的知己，你甚至可以从让他或她帮助你开始。

你也能画出自己心目中的生命之树

回顾一下你刚刚写下的，那些你最喜欢的特质。这些特质将帮助你塑造最佳自我的形象。我想在这里花点时间提醒你这件事情多有趣。你可以抱着幽默的心态看待这个练习，也可以认真对待。遵循着自己的感觉来。以下问题可以很好地帮助你开始。

你的最佳自我

◎ 有特定的某个性别吗?

◎ 是某种动物吗?

◎ 是某种神秘生物吗? 还是你内心的一个睿智的声音?

◎ 是受某本书或某部电影影响而形成的性格?

◎ 有座右铭或口号吗?

◎ 会在别人善待你时有特别的表现吗?

◎ 会在你受威胁时有特别的表现吗?

◎ 让你持有什么样的信念?

◎ 会以某种方式移动 / 行走 / 跳舞吗?

◎ 拥有什么超级力量吗?

现在,在下面完整地描述你的最佳自我:

_____

我要和你们分享一下我的最佳自我,一个叫"默林"(Merlin)的巫师(见图 1.3)。我一直着迷于奇幻游戏。多年来,我一直在玩一款角色扮演卡牌游戏。在游戏中,每个人都是巫师,你必须施法才能获胜。这听起来有点傻,但真的很有趣!在玩的时候,我和我的朋友们总会给对方起名字。我的一个朋友是"野兽"(Beast),另一个是"守门人戈萨尔"(Gozar the Gatekeeper)。对我来说,虚构世界的巫师代表着智慧、信仰和战胜邪恶的善良。

我爱玩的这个游戏为"默林"的形象提供了灵感,他博学、善良、

图 1.3　我的最佳自我——"默林"巫师正坐在生命之树上

聪明、有爱心、机灵，完全信赖这个世界的运转方式，认为一切皆有可能，行事从不以自我为中心。他是一个很酷的人，做事有自己的节奏。他从不会缺乏安全感，也从不担心自己会错失良机。他有耐心和同情心，接受真实的自己，总是相信自己。他的心中没有怨恨，即使别人犯了错，他也能完全宽恕他们。

　　要看到最佳自我的形象，还有什么方法比画出来更好呢？多年前第一次做这项练习时，我画了一张"默林"的画像，与我的"反自我"不同，这些年来"默林"的形象几乎保持不变。

　　不管你画出了什么，我都为你的努力感到骄傲。你心目中的形象很可能比你画出来的形象更具体饱满，这才是真正重要的。你可以想象一下当我和大公司的主管们坐下来做这项练习时，他们脸上会是什么表情！最后我们得到了想要的结果，所以付出的努力都是值得的。

可以在本章最后画出你的最佳自我，并给他或她命名。

当我创造"默林"的形象时，我的灵感很丰富，每天都会做一项练习，那就是提醒自己，他拥有的力量也是我自己拥有的力量！我委托一位名叫瑞安·普拉特（Ryan Pratt）的艺术家创作了"默林"的第一个形象。他画出了自己心目中的生命之树，而"默林"坐在结实的树枝上一动不动。我把这幅画挂在我家的门口，我喜欢每天看看它。

像人生教练一样刻意训练自己

大家雇我做人生教练，通常是因为他们想改善生活的某个方面。他们被困在某个地方，需要有人帮助他们摆脱困境或重新看待眼前的境况。好的人生教练不仅能帮助你找到目标，还能指导你如何实现目标。他们也应该让你感到自己有责任在生活中创造某些东西。

我喜欢问人们是否能清晰地看到自己关注的东西，他们的视野有没有因为过于自我而变得模糊。有些行为或思维模式会对我们的生活产生负面影响，现在是时候面对它们了，既然它们没有带给你积极的影响，那就要用积极的行为或思维模式取代它们。或者，如果你在生活的某些方面倾向于认为自己注定会失败，我们也会帮助你改变这个心态。以下这些问题能让你的最佳自我像人生教练一样思考。

你的最佳自我

◎ 如何帮助你保持勇敢无畏？

◎ 如何帮助你不为自己的形象感到羞耻？

◎ 如何帮助你诚实面对自己和他人？

◎ 如何帮助你的内心始终拥有那种善良、富有同情心的声音？

◎ 如何帮助你在任何情况下都觉得自己很强大？

◎ 如何帮助你保持感恩？

◎ 如何帮助你自由地做真正的自己？

在这里写下你的最佳自我所拥有的"人生教练"特征：

_____

当我们进行这本书里的计划时，你可以开始"训练"最佳自我，问自己一些我问过你的问题，这样就可以有效地引导自己的生活，使看待事物的视角始终与真实自我保持一致。留意我问你的那些关于思想、情感、行为及模式的关键问题，这样你就可以自己问自己了。

在整个过程中，我想首先请你创造出最佳自我，因为如果你先对你的最佳自我有一个清晰的认识，那就会收获更多。

感恩的奇迹

表达感恩一直是与最佳自我连接的好方法。我可以向你保证，当你想着自己在生活中的哪些方面需要感恩时，你的心情会变好。每天早上我都会列一份感恩清单，因为用感恩清单开始新的一天会让我感觉很棒。其他人可能会在遇到困难的时候列出感恩清单，让自己变得更积极。下面将我的朋友列出的感恩清单与你分享。

凯茜的感恩清单

我感恩……

1. 我的信仰

2. 我的家庭

3. 拥有一份能实现个人抱负的工作

4. 拥有学习和吸收新信息的能力

5. 能够有规律地锻炼身体，保持健康的体态

6. 我的家安全而舒适

7. 能够购买健康的食物

8. 世界上所有美丽的艺术品

9. 身边有充满爱心的人

10. 吸入肺里的每一口空气

记住，没有什么是太微不足道，而不需要添加到清单上的。有时候你甚至会意外地对交通堵塞心存感激，因为它让你在开车回家的路上有更多时间独自思考。发现值得感恩的新事物是一项很棒的练习，也是一种与最佳自我连接更紧密的有趣方式。当你思考清单上的每一项内容时，去拥抱它带给你的感觉，让这种感觉传遍你的全身。

在你写下这十件事之后，观察一下自己的状态。你的感觉比之前更好吗，更快乐吗？如果真是这样，那么你要意识到，你进行了一项非常简单的练习，它可以帮助你创造美好的一天，帮助你摆脱恐惧。我一直觉得这是一种有效恢复平衡的方法。

＿＿＿＿＿＿ 的感恩清单

我感恩……

1. ＿＿＿＿＿＿＿＿＿＿＿＿＿＿＿＿＿＿＿＿＿＿＿＿＿＿＿＿＿

2. ＿＿＿＿＿＿＿＿＿＿＿＿＿＿＿＿＿＿＿＿＿＿＿＿＿＿＿＿＿

3. ＿＿＿＿＿＿＿＿＿＿＿＿＿＿＿＿＿＿＿＿＿＿＿＿＿＿＿＿＿

4. ＿＿＿＿＿＿＿＿＿＿＿＿＿＿＿＿＿＿＿＿＿＿＿＿＿＿＿＿＿

5. ＿＿＿＿＿＿＿＿＿＿＿＿＿＿＿＿＿＿＿＿＿＿＿＿＿＿＿＿＿

6. ＿＿＿＿＿＿＿＿＿＿＿＿＿＿＿＿＿＿＿＿＿＿＿＿＿＿＿＿＿

7. ＿＿＿＿＿＿＿＿＿＿＿＿＿＿＿＿＿＿＿＿＿＿＿＿＿＿＿＿＿

8. ＿＿＿＿＿＿＿＿＿＿＿＿＿＿＿＿＿＿＿＿＿＿＿＿＿＿＿＿＿

9. ＿＿＿＿＿＿＿＿＿＿＿＿＿＿＿＿＿＿＿＿＿＿＿＿＿＿＿＿＿

10. ＿＿＿＿＿＿＿＿＿＿＿＿＿＿＿＿＿＿＿＿＿＿＿＿＿＿＿＿

现在你已经做完了第 1 章的练习，等你做完整本书的练习，最佳自我可能会发生蜕变。你可能会说："天哪，我太低估我自己了！"

在下一章，你将做一项类似的练习，但针对的是你的反自我。对很多人来说，这同样重要，甚至能让你变得更强大。我们的反自我与我们的最佳自我背道而驰，要想消除反自我的力量，首先要认识它们。

画出你的最佳自我

Best Self

第 2 章 Anti-Self

"我真讨厌我自己"的那一刻

感觉糟糕，感觉不像自己的时候，你的反自我都在伺机而动。

　　她正堵在路上，交通全面瘫痪。高速公路看起来更像是停车场。那是洛杉矶圣费尔南多谷炎热而平静的一天。"高峰期，"她心想，"怎么不叫瘫痪期。"这些汽车看起来随时都可能自燃。她紧握方向盘，空调朝她脸上喷出温热的空气，她能感觉一道道汗水沿着胸口和后背流了下来。这时，电话响了。

　　"你好。"她带着焦虑说道。

　　"嗨，苏珊娜！你有空吗？"听到我的声音，她笑了。虽然这场糟糕的交通堵塞让她感到很痛苦，但至少她可以和好朋友聊会儿天。

　　"嗨，迈克尔！当然有空，怎么啦？我刚下班，在回家的路上。"

　　"我想问问你，周四晚上有没有时间一起吃晚饭？我们聚一聚。"

　　"好啊！就这么定了。"

　　"太好了。我待会把详细地址发给你。8 点见面，你觉得怎么样？"

　　"行，完美。期待周四的晚餐！"

　　"酷。晚点联系！开车注意安全！"

　　"拜拜！"

对话刚一结束，她的脸就沉了下来。她大声地叹了口气，环顾四周。汽车终于能稍微动一下了，然后一辆车毫无预告地突然超过了她，和她的车只隔了几英寸[1]。

"开什么玩笑？你以为你在干什么？你这混账！"苏珊娜用不同的脏话破口大骂、尖叫，几乎是一边咆哮，一边愤怒地挥动双臂，她的车都跟着前后摇晃了起来。苏珊娜气疯了。怒气之大如同火山喷涌的岩浆，她整整骂了一分钟。加上她不停地按喇叭，其他人也开始对她疯狂按喇叭。最后她喘了口气，一路穿过车流，把车停在了那个超车的人旁边。正准备对那个人竖起中指，就看到原来是位可爱的老妇人在开车，她只是在从 A 点到 B 点的路上，就像苏珊娜一样。

让我们快进到那个星期四，我和苏珊娜约好一起吃晚饭的那天。在我们最喜欢的牛排馆里，我们面对面坐着，吃着沙拉。

"前几天，你在开车回家的路上，我给你打了电话，那时候你感到压力很大吗？"

"和平时差不多。现在工作有点忙，但我能应付。为什么这么问？"

"嗯，因为在我们说了再见之后，你没有挂断电话。听起来你有点路怒症（road rage）[2]。"

她愣住了，目瞪口呆。"哦，我的天啊！这太尴尬了，"然后她咯咯地笑了，"我打赌你不知道我会这样骂人。"

"我真的没想到，你骂得还挺凶的。平时经常这样吗？"

"什么，对那些超车的混账大喊大叫吗？那当然，这里是洛杉矶，

---

① 1 英寸等于 2.54 厘米。
② 指汽车或其他机动车的驾驶人员有攻击性或愤怒的行为。

这可是地域特色。你不会说你从来没有像大家那样,因为一个人瞎开车对他大喊大叫吧?"

"交通不会让我那样发怒。其实我对路怒症很好奇。别人也听不见你说话,大家的窗户都关得紧紧的,这么做有什么用呢?"

"其他人听不听得到我发怒不重要。我这么做只是为了释放压力。"

"这样做了之后,你会感觉好一些吗?"

这句话让她停顿了一下。"我倒愿意这么想,但有时候我太激动了,感觉自己的心都要跳出来了。所以我想答案是不会。"

"拿几张纸巾来,我想和你做一项练习。"

"噢,又来了!你的另一项练习。"

"拜托,你知道你是喜欢这些练习的。这项练习很有趣!我想让你写下所有你不喜欢的,或者以某种方式阻碍你进步的特质,写下任何你觉得不属于最佳自我的特质。"

苏珊娜翻了个白眼,然后笑了笑,接受了我的提议。在和我见面的时候,我的所有朋友都习惯了这种事情,苏珊娜也不例外。当时,我们认识已经有五年了,甚至还一起做过一个项目。没过多久,她就拿出了她的清单,写完递给了我,看起来有点生气。

"很好!现在,我们来创造你的反自我形象。"

"我的什么?"

"你的反自我。我们都有一个反自我,甚至有几个。它是我们被消极事物触发的一面,比如恐惧和焦虑。这个练习目的在于了解你的反自我性格,以及什么会让它们浮出水面,了解这些,你才能控制住它们。你不会想让你的反自我主导一切对吧?"

"所以，比如说，我开车的时候出现那种过分的、满嘴脏话的、充满报复心理的一面是路怒症的'雷吉娜'（Regina）还是什么？"

"完全正确！现在，为了让你更真切地感受到她，我想让你在这张纸巾上画出她的样子。"

"嗯，好的。'雷吉娜'，我觉得你个头应该很大，看起来很刻薄，眉毛浓密，肱二头肌鼓鼓的，头顶上还有一对可爱的犄角。"她在纸巾上信手涂鸦，然后给我看了她的作品（见图 2.1）。

图 2.1　具象化的反自我——苏珊娜笔下的雷吉娜

注：图片左上角"路怒症的雷吉娜"，图片右侧"你这混蛋！快让开！"

"完美！下一个问题，'雷吉娜'还会在什么情况下出现？"

苏珊娜想了一会儿。"只要我觉得受够了，她就会出现。比如我一次又一次地感到沮丧，到了再也忍受不了的时候，我就会变成'雷吉娜'。那时候大家最好小心点，你问问我丈夫就知道了。"

"你有没有想过把'雷吉娜'和这种情况联系在一起？就是每当你觉得受够了的时候，你性格的这一面就会抬头？"

"不，没有过。但现在我意识到我可以做些事情来阻止她出现。"

"像是什么？"我问道。

"嗯，也许可以提前和我丈夫或者其他让我生气的人探讨一下，而不是试图忽视或者压抑这些情绪，直到我爆发。我可以告诉他，淋浴器要擦干才不会发霉，而不是等到发霉了再冲他大喊大叫。"

"说得对！所以趁现在，从你不喜欢的特质清单中，你还能创造出另一个反自我的角色吗？"

"当然，但她和'雷吉娜'很不一样。她内向、自我意识过剩、不爱说话。每当我进入一个新领域，或者觉得自己缺乏经验时，我的这一面就会出现。"

"把她也画出来。"苏珊娜已经开始画了。她对自己这一面太了解了。她画的是：一个小个子女生坐在一张大会议桌边，低着头，头发像盾牌一样盖在脸上；她将膝盖抬起，用双臂环抱住。

"这个形象很能说明一切。她叫什么名字？"我问道。

"她叫'内尔'（Nell）。"

"所以当你在工作中感到力不从心时，'内尔'就会出现？"

"是的，或者在我觉得没有准备好的情况下。我记得小的时候，我经常因为生病请假。有一次，我在完全没有准备的情况下参加一场考试。在班上我是一个完美主义者，但在那场考试中我一个问题也答不上来。从那以后，每当我参与一场对话题不太了解的谈话，或者身处一个陌生的情境中时，那种感觉就会再次出现。"

"所以在那些情况下，你觉得无法凭靠直觉或智慧？"

"对，我感到无能为力。好吧，是'内尔'感到无能为力。"

"确实。既然你知道是什么触发了她，那你觉得你能控制住她吗？"短短几秒钟，苏珊娜的脸色从沮丧变成了开朗。通过辨认出'内尔'，给了她一个形象和一个名字，苏珊娜突然有了控制住她的力量。

"你知道吗？我觉得可以。我很不解自己竟会一直不愿意放下过去，任由它来统治我。这是不是很疯狂？"

"不，一点也不疯狂，这很正常。现在你能控制局面了，你再也不用让她接手了。"

"和你在一起的时候，我总能学到东西。不过迈克尔，这次学到的东西很重要。我很高兴你听到了我路怒时说的话。"

"我也是，现在我可以和你一起坐车了。有一瞬间，我还想让你不要再开车了。"

"哦，现在可以了。雷吉娜应该不会故意打人的。"

我们开心地笑了，享用接下来的晚餐。在后来的几个星期，我联系了苏珊娜，想看看'内尔'或'雷吉娜'还有没有再出现。我很高兴地宣布，她们都没有再出现。

摆脱情感 PUA 和无端猜忌，重获掌控感

辨认出你的反自我形象是一项深刻的练习，毫不夸张地说，它可以改变你的生活。我一次又一次地看到，大家在生活各个方面都达到了难以想象的新高度，因为他们不再让反自我阻碍自己前进了。

让我们看看我的一位明星客户是如何发现并控制住她的反自我的。她的感情问题反复出现，她不明白为什么她不能做到和一个男人保持健康、稳固的亲密关系。她接连不断地进入新的关系，刚开始时都挺好，但很快就会发展成不健康的关系。周围每个人都告诉她这个人不合适，但她充耳不闻，任由男友侮辱她、傲视她、欺骗她，甚至在情感上、身体上虐待她……一次又一次。

问起我的客户，她对一段完美的亲密关系的定义是什么的时候，她所说的听起来就像浪漫喜剧一样。这纯粹是幻想！我带她到公共场所去寻找她认为最完美的一对，我想帮她测试她对完美关系的定义。有趣的是，我们周围大多数情侣要么在玩手机，忽视彼此，要么显得死气沉沉。他们可能坐在同一张桌子上，但从他们的肢体语言和缺乏眼神交流的状态可以明显看出，他们实际上彼此相距千里。也有一些情侣在热烈地交谈，甚至在调情，但没有一对是在深情地对望，隔着桌子手拉手，或在桌子底下偷偷碰脚。

我们看得越多，她就越意识到，她那童话般的浪漫爱情在现实中并不存在。她意识到自己就像一个注定失败的浪漫主义者，有着不切实际的理想。于是，她给自己的反自我取名为"长发公主"（Rapunzel）。

并不是说美好的关系在现实世界中不存在。当然存在！很多人都处在一种情感上非常满足、充满激情和爱的关系中。但他们并不是飘浮在云端，穿着舞会礼服和燕尾服，每天都用那高贵而浪漫的姿态将彼此深深吸引。一旦她接受了这个事实，对亲密关系持有更理性的信念，她的期望就会变得更加合理。

在下一段感情中，她能够问自己，她的想法和感受是来自"长发公主"，还是她的最佳自我。这样她很容易就能辨认出不切实际的幻想，然后打消那个念头。如今她能够选择一个更合适的伴侣，因为她没有集中精力去追寻那种把她从高塔上救下来的王子。"长发公主"还存在着，但影响力比以前小得多，因为她懂得要注意分寸。

我发现，比起仅仅给我们的问题贴标签，辨认出反自我的角色更能发挥强大的力量。如果我对她说"啊，你总是在做糟糕的决定""你真的脱离现实了，简直是在妄想"或者"你对爱情上瘾了吧"，她都听不进去。她必须自己得出结论，然后在内心创造一个她完全理解的角色，这样她就能阻止这个角色干扰自己的生活。

下面是另一个客户和我分享的反自我故事：

"我和男友在一个乐队的演唱会上度过了最开心的时光，这是我们期待已久、计划已久的事情。我们一起跳舞，一起跟唱我们最喜欢的歌。真的好开心，我们不想让这一夜结束！

"然后我问约翰尼，'在回家之前，我们是不是应该再喝杯酒，在外面再多待一会儿？我现在还不想回家。'

"'好啊，就这样吧，我也想再待一会儿。'他说道。

"我们去了附近的一家酒吧，约翰尼朋友的女朋友在那里当调酒师。她非常热情友好，一见面就给了我们大大的拥抱。她跟约翰尼说话的时候，我观察了她一下。她长得很漂亮。还有一种迷人的、无拘无束的天性。突然，我脑海中的一些东西被触发了，'杰罗莎'（Jealousa），我的反自我，一个与天使相对的魔鬼，出现了。

"杰罗莎是充满热情的、炽烈的、戏剧性的、占有欲强的、善妒的，就像她的名字所暗示的那样。她没有安全感，觉得自己不如别人。她认为她现在的男朋友,以及她谈过的所有男朋友,总是在看别的女人。

"当我看着约翰尼和这个女孩互动时,我开始问自己一些问题,'约翰尼被她吸引了吗?哇,他似乎对谈话很感兴趣。他太专注了吧!'所有想法都在我脑海里翻涌。

"首先,他的行为让我产生了负能量,一开始是责备和愤怒,然后就变成了不安全感和攀比。'他觉得她比我更漂亮吗,他喜欢那种女孩吗?她又高又瘦,我又矮又胖,我永远也不会变得又高又瘦。他爱我,总是说我很漂亮,但他说的是实话吗?'当晚的气氛立刻发生了变化,我的心情也变坏了。因为最糟糕的我已经占据了上风,这已经决定了我会有什么样的情绪。

"约翰尼不知道发生了什么事,他只是在投入地聊天。当我和他谈起这件事的时候,他不知道我在说什么,美好的夜晚变成了争吵。当我快睡着的时候,我在想我的感觉是真实的,还是我编造出来的?"

"杰罗莎"偷偷地溜进来,创造情境来点燃她的火焰,让她的占有欲和嫉妒持续发作。她喜欢创造不真实的戏剧,她没有必要怀疑她的男朋友。约翰尼和她在一起是因为他被她吸引,然后爱上她的。

事物在黑暗中会显得更可怕,来"曝光"它

生活是不断向前发展的,所以想要一直表现出最佳自我是不现实的。我们能做的是减少你花在反自我上的时间。

我对生活的某些方面有一些不安全感,所以我的目标是在任何新的人生冒险中都感到安全,并专注于享受这段旅程。我在写这本书时

也是如此。你将在后面的一个章节中发现，我在学校的成绩不太好，尤其是英语。我非常不擅长写短文，所以你可以想象，要写一本书，我一开始会有什么感受！我开始担心别人会怎么看我的写作方式，我很想知道我写得是否足够好。

参加电视节目也是如此，我会想很多关于制片人和观众对我的看法，这影响着我的信心。但这一切都是恐惧造成的，当我过多地考虑别人是否喜欢我，或者我的工作时，我的不安全感就会出现。但是当我的最佳自我"默林"加入进来时，我的不安全感消失了。我想象是反自我在捣乱，阻止我们享受生命的旅程。

想要理解你的反自我，首先需要写下你所认为的反自我特质。

◎ 你是否经常无法宽恕自己或他人？

◎ 你容易生气吗？

◎ 你经常故意做出有害你的健康的选择吗？

◎ 你是不是经常没有耐心？

◎ 你表现得像个万事通吗？

◎ 你经常在实现目标之前就放弃吗？

◎ 你认为自己不够好吗？

◎ 你任由别人欺负你吗？

◎ 你经常表现得自私吗？

上次做出消极行为过后，你会不会想：天呐，那一刻我真不像我自己。也许这更像是一种糟糕的感觉，让人挥之不去。甚至你可能不喜欢和家人通话时的自己,导致你突然就挂了电话。

而当人们处在一段亲密关系中,人们可能会误解伴侣的行为。比如,丈夫下班回家,想在电视机前放松一个小时。他的妻子看到了,可能就会开始认为宁愿看电视也不愿和她聊聊天,或者她对他已经没有吸引力了。她在这种误解中越陷越深,然后开始相信自己不值得被爱。这就是反自我行为。

你应该把所有你自己不喜欢的特质都列在这张清单上。有趣的是,客户常常发现列出自己消极的特质,比列出自己积极的特质更容易。这就是为什么我会对你阅读这本书,踏上这段旅程感到如此兴奋。因为最终,我们将改写剧本,让你的生活变得更好。

这份列表只是给你自己看的,所以把内疚和羞愧放到一边。如果你逃避现实,否认自己的某些方面,其实就是在给它们力量去控制我们。事物在黑暗中会显得更可怕,所以让我们来将它"曝光"吧!

下面是一些常见的反自我特质,你可以把符合自己的特质圈出来,或者自己重新建一个列表写下来:

说话难听	不合群	幼稚	卑劣
唐突	尴尬	笨拙	懦弱
苦恼	冷漠	粗鲁	愚钝
没有目标	尖酸刻薄	冷漠	不道德
焦虑	无趣	空洞	爱挑剔
生气	残忍	骄傲自满	粗糙
冷漠	精于算计	爱抱怨	愤世嫉俗

武断	无情	强迫	骗子
好争辩	脾气坏	非难	黏人
傲慢	粗心	因循守旧	自负
做作	没有魅力	糊涂	混淆不清
虚伪	欺诈	冲动	疏忽
苛刻	听天由命	呆滞	消极
破坏欲	浮躁	拘谨	令人讨厌
沮丧	固执	不诚恳	偏执
难相处	愚蠢	侮辱	偏心
狡诈	跟风	不理性	肤浅
不诚实	阴郁	不负责任	固执己见
卑鄙	贪婪	易怒	压迫
让人沮丧	不优雅	嫉妒	被动
不忠诚	易受骗	懒惰	多疑
不孝	严肃	无精打采	掉书袋
不守秩序	心怀怨恨	吵闹	不通情理
无礼	自大	恶意	过分在乎琐事

如果你发现自己的有些负面特质在上面没有出现，那么请写在这里：

_____

未经审视的人生不值得过

根据你上面写的那些负面特质，让我们开始塑造你的反自我。当你为做这项练习而投入地想象时,请记住,这是把你的消极面夸张化了。而且,夸大这些特质可以帮助我们记住它。因此,当我们以某种方式思考或行动时,可以停下来想一想:"我这么做是出于最佳自我,还是反自我?"由此来想象出具体的、有感染力的最佳自我和反自我。

我的一个反自我形象是"安杰洛斯"(Angelos)。他很爱激怒别人,没有耐心。每当他觉得别人不诚实的时候,他的脸色会很难看。他缺乏同情心,拒绝接受因为恐惧而撒谎的人。他很容易冲动。他不能忍受谈论新闻、天气和体育。他也不信任别人。但我可以诚实地说,现在"安杰洛斯"的存在感很低,很多时候甚至不会出现。

当你塑造你的反自我时,你完全可以创造几个不同的形象,作为几个不同类型的反自我。编剧在编写电影剧本时,会先把角色写得丰满一些,同样的,我想让你对自己的反自我有一个全面的了解。你脑海中的形象越清晰,你就越容易预测什么会触发反自我,从而做出反应或影响你的行为。这么做也将帮助你的最佳自我掌控住他。

开始具象化你的反自我时,你可以问自己以下这些问题:

你的反自我

◎ 有特定的某个性别吗?

◎ 是某种动物吗?

◎ 是某种神秘生物吗?

◎ 是受某本书或某部电影影响而形成的性格吗?

◎ 会以某种方式移动、行走或跳舞吗?

◎ 会在某人善待你时有特别的表现吗?

◎ 会在你受到威胁时有特别的表现吗？

◎ 对你有什么看法？

◎ 穿什么样的衣服？

在这里完整地描述一下你的反自我：

_____

说出五件近期发生的，由你的反自我主导的事件或情况。

1. _____
2. _____
3. _____
4. _____
5. _____

如果你以最佳自我采取行动，你会如何处理这五种情况？如果你的最佳自我主导全局，那么他或她会给你什么不同的指示？

1. _____
2. _____
3. _____
4. _____
5. _____

我敢打赌你看出了我的套路！我在推动你深入挖掘，真正地审视自己。即使到目前为止你已经对我翻了一两次白眼，我也能理解。这么做可能有点超出你的舒适区，但这是值得的。

我将与你分享一个情境，它很容易导致"安杰洛斯"出现。作为一家公司的首席执行官，我管理着许多名员工。当某一位员工表现不佳时，我不顾当时在场有什么人，直接质问他。我并没有想过这样做会让那个人觉得受到羞辱。那种时候出现的都是"安杰洛斯"，我会冲动行事，而不是思考如何激励那个员工表现得更好。我意识到，这种行为只会制造更多难以化解的紧张，而员工的工作通常不会表现得更好。当"安杰洛斯"介入时，会造成一种两败俱伤的局面。

下次你要是遇到一个会让反自我出现的情况，其实你可以选择让你的最佳自我来应对。这可能是一瞬间的决定，但随着时间的推移，这将变成一件自然而然的事情。

生活不是静止的，它是不断前进和变化的，经历会塑造我们的精神世界和情感状况，所以未来有可能会出现一个新的反自我。我鼓励你时不时地审视一下自己，重新做一次这项练习，你可能会惊讶于自己的发现。生活中或大或小的转折点，比如换了一份新工作、搬家、失去一个所爱的人等，都是让你进一步认识反自我的机会。

正如你所看到的，我们在前两章的简单练习可以激发出你的力量，让你更睿智地踏上成为最佳自我的旅程。在下一章中，我们将把所有用得上的东西装进你的背包里，伴你继续踏上这趟激动人心的旅途。

现在，拿一支钢笔、铅笔、马克笔或油画笔。是时候画出你的反自我了，尽可能画得细致一些！在进入下一步之前，花点时间给你的反自我取一个名字，把名字写在画像的正上方。

画出你的反自我

Anti-Self

每个人都有能力去改变，把自己活成艺术

从生活的旁观者转变为参与者，勇敢地去表达真实的自我。

我们都是艺术家。我把艺术家定义为表达真实自我的人。我们都有能力做一些美好的事情，让别人从中受益，而且那些事情对我们来说是独一无二的。我说的不是那种需要画笔和画布的艺术。世界上有多少人，就有多少种独特艺术形式。

我的人生旅途跌宕起伏，也有些时候在原地踏步。这些经历让我与自己、他人建立了连接。在这些连接中，我偶然发现了我的艺术，那就是帮助人们找到最佳自我。可以说，我的艺术是帮助你发现你的艺术。这就是你正在经历的旅程的本质。

与我共事过的每一个人都会告诉你，我曾经问过他们："你的艺术是什么？"他们通常会困惑地看着我。这个问题真正的意思是，无论是通过职业选择，与家人互动，还是你们的爱好，你们在日常生活中如何表达真实自我？

我雇用的治疗师们每天都在向客户展示他们独特的艺术，他们已经将关爱他人的艺术掌握得非常熟练了。在大家上班之前，打扫办公室的阿姨掌握了一种让空间变得井然有序的艺术。人力资源经理一丝

不苟地处理公司各项事务，掌握了保持公司内部正常运转的艺术。这群人会在日常生活中积极地表达自己独特的艺术。共同的目标鼓舞、激励着他们所有人。能和这群人一起共事，真是一个奇迹。

人们经常对我说，"你一定有很高的自我价值感，因为你一生的工作就是帮助别人提高自己。"但我总是避而不答，因为如果你以最佳自我打理生活的各个领域，那么不论掌握的是编写计算机程序、设计衣服、做服务生、制作家具、写歌、种植蔬菜、装修房屋，还是其他的艺术，你都可以拥有高价值感。这就是我想要让你获得的！

让我们从"生存下来"变成"过得很好"

建立一些基本的信条对于成功体验"最佳自我"模式必不可少。以下 5 个信条将帮助我们为接下来的旅程做好心理准备：

1. 保持好奇（Curiosity）

2. 诚实是智慧之源（Honesty）

3. 拥有开放的心态（Openness）

4. 自愿是行动的第一步（Willingness）

5. 完全专注于当下（Focus）

1. 保持好奇

我天生就是一个好奇心很重的人，尤其是当我第一次与某人对话的时候，我甚至意识不到许多问题已经脱口而出。这在我帮助他人的过程中起到了很重要的作用。很多时候，正是通过一连串简单而有力的问题，我才能帮助人们串联起生活的点滴，并取得突破。

不过并不是每个人都有与生俱来的好奇心，很多人对好奇心根本就不屑一顾。我们在生活中得过且过，直到危机发生才被迫重新评估自己。但是只有当我们对自己产生好奇时，我们才会有动力去改变。

简单来说好奇就是"强烈渴望知道或学习一些东西"，如果你不再好奇，你就无法探索自己。我知道有时候深入挖掘自己的内心是很可怕的，有些东西在你的心里悄悄长出了根。但通过照亮你的思想和心灵的黑暗角落，你会发现，它们并没有看上去那么可怕，你会开始以从未想过的方式夺回你的力量。

每当我们想到儿童的好奇心，脑海中就会浮现出这样的画面：他们的手穿过沙子，看着沙子从他们的指间滑落，或是惊奇地看着一群鸟儿起飞，或是一边在泡泡浴中溅起水花，一边高兴地尖叫着。这是体验式学习，他们正在用所有的感官去理解周围的世界，这就是我想让你拥有的那种好奇心，尤其是在面对你自己的时候。我希望你们能敏锐地意识到自己的思维模式、行为，以及在这个世界上的行动方式。

华特·迪士尼曾经说过："我们不断前进，打开新世界的大门，做新鲜的事情，因为我们充满了好奇，好奇会一直引领我们走上新的道路。"我认为这表明了好奇的深刻本质，也说明了如果我们接受并培养好奇心，它能为我们做些什么。虽然我要求的是你对自己的内心世界保持好奇，但它也会向外投射，使你对周围的世界、新的想法、观点和信念感到好奇。保持好奇是你吸收知识的一种方式，没有好奇心，你就不能真正地学习。

当人们对自己非常好奇的时候，他们就会掉进一个自我贬低的兔子洞，继续深入只会让他们产生消极的想法和行为。如果你觉得自己在朝着那个方向前进，那就立刻停下来，重新调整方向。保持好奇心不是为了打击自己，而是为了帮助你看到自己的想法和行为之间的联系。让你看到你是谁，你就能明白自己想要变成什么样子。

2. 诚实是智慧之源

我们的基本目标是与最佳自我保持一致，所以你会明白为什么诚实是必不可少的。如果你在任何事情上对自己撒谎，包括逃避一路上累积起来的恐惧，那么你只是在阻碍自己取得进步。托马斯·杰斐逊说过："诚实是智慧之书的第一章"。我们追求的难道不是智慧吗？让我们对所有事情做出明智的选择吧！诚实是智慧之源。

诚实和正直是一回事，指的都是做正确的事情。也就是说，我想在这个过程中让你做正确的事。如果做不到完全诚实，你就不能真正地与最佳自我建立连接。如果你一直试图逃避某件事情，那么是时候面对它了。坦白后的结果并不会如你想象的那么糟糕。我们的秘密越多，问题就越多。在你的人生旅途中，秘密和羞耻感会把你绊倒，阻碍你取得积极的结果。我很高兴能帮助你与自己的一切和平相处，所以让我们达成一致吧，最好的前进方式是从诚实面对自己开始。

3. 拥有开放的心态

开放地接受事物就像打开我们的心灵之眼，这样我们就能看到那些一直存在，但因为我们的无视而被隐藏起来的答案。

因为我们的大脑结构是为了生存而形成的，所以在面对新事物或新想法时，我们并不会天然地拥有开放的心态。我们的大脑意识到现在已经做得足够好了，就会避免改变。我们没有遇到任何重大的危险，所以我们只是维持现状。基本上，大脑的底线是"如果它没有坏，就不要修理它"。但我们现在探讨的并不是逃避眼前的危险，而是升级我们的操作系统，让我们从"生存下来"变成"过得很好"。

在调整你的生活方式时，开放是最基本的态度。让我们把一切都摆到台面上，发现在哪些地方即使做出很小的改变也能带来非常积极的结果。你对新的概念越开放，成功的可能性就越大。从本质上来说，开放意味着"可教"。我在生活中获得最大的领悟之一：总是处于虚心求教的模式会非常自由。

如果你保持开放的态度，认为自己并不总是知道答案，并愿意吸收新的信息，那么我可以保证你会做得比现在更好。记住希腊哲学家苏格拉底曾经说过："唯一真正的智慧是知道自己一无所知。"接受、拥抱这信条吧！因为一旦接受了自己的无知，你会变得像一块海绵，不断吸收新的想法和观点。

想象一下，如果你一直都站在一堵墙的后面。从没想过走到墙的另一边。直到有天，一个人出现了，拉着你的手，把你拽到了对面。你因此第一次看到了壮观的日出。让这本书成为那位牵着你手的朋友，让日出成为你的最佳自我。保持开放的心态面对你的人生道路吧！

4. 自愿是行动的第一步

16 年前，我从康复过程中认识到，我必须竭尽全力保持自律。因为不想再次回到黑暗中，所以我完全听从我的导师、赞助人和治疗师的建议。其中包括每天打电话给导师，主动向社区反馈，每天晚上回顾自己的一天。你可以确信，任何一个在生活中做出了重大改变的人，无论是成功减肥，还是变换了事业跑道，都是因为一直保持着这种意愿。自愿是行动的第一步，愿意采取行动，而不只是想一想。

你也要自愿竭尽全力去提升自己。你可能需要走出舒适区，所以你也要自愿这么做。就像我之前说的，这并不难！我想你会惊讶地发现，一旦你对目标进行了合理的想象，为了实现目标所需要做的事情就不会是个很大的负担。我相信如果你愿意做某件事，你就会真正去做它。维珍集团的创始人理查德·布兰森爵士曾说过："如果你说'好'，而不是'不'，生活会变得有趣得多。"愿意说"好"，然后付诸行动，你是不会失望的。

5. 完全专注于当下

改变的最后一个信条是专注，你也可以想成是保持在正轨上。问任何一位领导者，取得巨大成功的主要原因是什么，他都会用一个词来回答：专注。

奥普拉·温弗瑞曾经说过："感受一下，专注于让你兴奋的事情所带来的力量。"奥普拉似乎很乐意做她喜欢做的事情，不是吗？沃伦·巴菲特说过："会赢得比赛的是那些专注于赛场的运动员，而不是那些盯着记分牌的人。"亿万富翁马克·库班说过："我学到的是，你必须保持专注，相信自己，相信自己的能力和判断。"专注是关键。

当我们看待真实生活中的场景时，看看它的另一面，想想如果我们没有完全专注于一项重要的任务，会发生什么。通过这样的思考，我们就会明白专注具有多么强大的力量。开车时发短信真是人们试图一心二用的最典型的、最普遍的例子，并且会产生致命的后果。根据美国国家安全委员会的数据，每年有 160 万起车祸是开车时使用手机造成的。每天至少有 9 个人因为司机分心而失去生命。无论是身体还是精神，我们不可能同时身处两个地方。

现在我们需要确定专注对你来说是一种怎样的状态，以及你保持专注的独特方式是什么。我用"独特"这个词是因为每个人的专注方式都不相同。例如，在读这本书的时候，你可能发现，当你独自一人坐在安静的卧室里，身边放一杯茶、一支笔，能更好地集中注意力。或者你喜欢充满活力的环境，所以你更适合在咖啡店里阅读。如果你不确定，做一个小实验，尝试几种不同的环境，找出哪种环境能让你保持最佳状态。从一开始，我们就需要确保你完全专注于当下。

上一次有"活着"的感觉，还是……

上次你觉得自己真正活着、火力全开的时候，你在做什么？什么时候你会觉得自己正全身心地投入生活？

这些问题的答案可能会突然出现在你的脑海中，让你重温那些时刻。或者你可能还在边挠头边想，自己是否真的有过这种感觉。在这些时刻，你会感觉充满了能量，这些都是在你生命中关键而不可或缺的时刻。现在，花点时间想一想，做什么能让你感觉自己真正活着，以及上一次做那件事是什么时候？把它写在这里：

上一次做那件事是什么时候?

_____

基于上一个问题的回答,从中你可以了解到关于你的最佳自我的什么信息?

_____

生活中的哪些方面和你的最佳自我相符?

_____

生活中的哪些方面和你的最佳自我不相符?

_____

当你看到自己写下的答案时,你是否觉得在生活中所做的大部分事情都与真实自我相符?如果是这样,那再好不过了,因为这意味着我们的工作将集中在微调或解决特定领域中产生的问题。

反之,你是否觉得你的真实自我被那些乱七八糟的东西埋没了?没关系,因为我们要开始往下挖掘了!

准备好为活出最佳自我付出努力了吗?

是时候开始你的旅程了。我想让你给自己在生活中践行 5 个信条的程度打分,最低 1 分,最高 10 分。请圈出你的答案吧!

1＝完全不　　　5＝有点　　　10＝完全是

1. 你有多好奇你的真实自我，即使你可能发现那个人和现在的自己不
   一样？

   选择一个：1　　2　　3　　4　　5　　6　　7　　8　　9　　10

2. 当你做这本书中的练习时，你会对自己多诚实？你会用一盏明灯照
   亮你生活和思想的每一个角落吗？

   选择一个：1　　2　　3　　4　　5　　6　　7　　8　　9　　10

3. 为了改善你的生活，你对做出改变持有多开放的态度？

   选择一个：1　　2　　3　　4　　5　　6　　7　　8　　9　　10

4. 为了改善你的生活，始终与最佳自我连接，你需要竭尽所能地付出
   努力，对此你的意愿如何？

   选择一个：1　　2　　3　　4　　5　　6　　7　　8　　9　　10

5. 在完成这本书里的任务和练习时，你有多专注？

   选择一个：1　　2　　3　　4　　5　　6　　7　　8　　9　　10

　　如果你没有全部打 10 分，那么问问自己：为了全部打 10 分，你
需要做些什么？把你的想法写在这里：

_____

如果你不完全确定需要做些什么才能让自己感觉准备好了，那么继续读下去。别担心，这都是必须经历的过程，我们会一起做好准备。

改变的 5 个阶段：网瘾待业青年重拾自尊与独立

既然你已经决心为了成为最佳自我践行实现转变的 5 个信条，那么我想和你简单谈谈改变或改进的进程。这 5 个阶段如下：

1. **思考前**：你没有打算改变你现有的任何行为，甚至可能没有意识到存在问题。
2. **思考**：你已经意识到需要在生活的某些方面采取行动，但你还没有打算做出改变。
3. **准备**：你打算采取行动、解决问题。你确信自己需要做出一些改变来改善你生活的某些或所有方面，而且你相信自己有能力做好需要做的事。
4. **行动**：为了改善你的生活，你正在积极地改变你的行为。
5. **维持**：你在维持改变，新的行为已经取代了旧的行为。

我花了许多年的时间进行干预，帮助那些非常不愿意做出改变的人，因为他们害怕改变带来的后果。许多人在他们的生活中完成了 180 度的转变，如今，其中一些人甚至在为我工作。

在做出改变的时候我们都有过警告信号，你可能会和大多数人一样忽视它们。我在这里是为了帮你辨认出在生活的不同领域响起的警钟，这样你就可以调整你的行为，防止更大的问题出现。不要等到自己身处危机时，才意识到需要做出改变。

当我还是一名干预师时，我经常接到父母们的来电，他们迫切希望自己的孩子做出改变。辛迪和约翰就是这样一对父母。他们打电话给我，谈起 19 岁的儿子马蒂。他已经大学辍学了，大部分时间都在玩电子游戏，他会玩一整夜，然后第二天睡到中午，吃辛迪做的饭，在家里虚度光阴。他没有任何改变的动力。为什么？因为他过得很舒服。

约翰认为让马蒂积极生活的最好方法是让他在自家的连锁餐馆工作。从每天早上 9 点到下午 5 点，马蒂应该在总部工作，这样约翰就可以照看他。尽管他是一名全职员工，但他每周大约只出现 3 天，每次只在办公室里待几个小时。他甚至在上班的时候什么事情都不做。他的同事报告说，他不喜欢团队合作，不遵守公认的道德规范。比如，他会迟到，经常用手机聊天等。

我和约翰、辛迪坐下来谈了谈他的情况，马蒂一直在楼下玩电子游戏，音量开得很大。首先，我要让约翰和辛迪达成共识。他们需要理解，马蒂只有在以下两种情况才会有动力改变：（1）如果他不选择做出改变，就会承担难以想象的后果；（2）他在情感上、身体上或精神上的痛苦，使他无法忍受这种生活。我们都知道他过着无忧无虑的生活，所以需要刻不容缓地让他尝尝后果。

约翰说："好，那么我们要把他赶出去吗，让他看看流落街头的生活是什么样子吗？"

辛迪吓得跳起来，说道："约翰，他是我们的宝贝！我们不可能那样做！我对伺候他也感到厌烦了，但是我们得帮助他！他现在很迷茫。"

我说："这是马蒂必须为自己做出的选择。如果他要住在这里，就必须遵守一些规则。约翰，如果他不每天按时上班，就得承担一些后果。否则你就是在奖励不良行为。你会这样对待其他员工吗？"

约翰坚决地摇了摇头说道："不可能。"

我向他们提出一个问题："那在你们看来，最理想的情况是什么？"

辛迪激动地加入讨论："如果马蒂要住在这里，他必须做好自己的分内事，包括去杂货店买东西、做饭、照顾自己，还要帮忙做家务。他是个成年人，我们真的得让他有个成年人的样子。"

约翰点头表示同意，并补充说道："我们想尽办法让他负起责任，但我们都意识到我们没有坚持自己的立场，最终助长了他的懒惰。"

几乎在每一个这样的案例中，父母都能够完全意识到他们在纵容孩子。他们只是需要别人认可他们采取不同的方式重掌权威，所以他们找到了我。下一步就是和他们三个坐下来促膝长谈。我们沿着地下室的楼梯来到马蒂的房间。这个房间和我预想的差不多，我见过这种房间很多次，脏乱、昏暗，到处都是食品包装纸和汽水罐。

一个瘦削的孩子穿着汗衫，舒服地坐在椅子上，有种大学宿舍的感觉。看到父母，他心不在焉地翻了个白眼。但当他看到我的时候，他坐得更直了，瞳孔微微放大，像一只被车灯照亮的小鹿。

"马蒂，"父亲开口说道，"之前妈妈和我跟你谈过生活安排，今天是时候做出改变了。这是迈克尔教练，我们邀请他来这里。"

"嘿，马蒂，很高兴见到你！"我说道。

"嗯，好。所以到底是怎么回事？"他站了起来，迷惑的神情在他脸上蔓延开来。

"你知道，我们非常爱你，但我们一直在纵容你，这不是在帮你。所以从今天开始，事情会有所不同。"辛迪说道，她平静的语气令马蒂感到惊讶。接着我们坐下来，讨论了一个具体的计划，只有遵守这个计划马蒂才能继续住在家里，此外还有一个成果验收日。然后告诉他，我们会分阶段实行这个计划。

每周我会和他们一家见面交流，确保马蒂遵守规则，他的父母也不再纵容。在这之后，每两周我们会再见一次，探讨并执行分步策略。马蒂不能插嘴或反对。他只有一个选择，那就是必须同意这个新制度做好自己，否则他就得马上搬出去。

有时候一个人不会独自经历思考前、思考和准备阶段。在这种情况下，马蒂没有动力逐步做出改变，他不想改变！但是在他的父母统一战线，明确战略后，他被推动着采取行动。如果马蒂选择不遵守新规则，就得承担实实在在的后果，这是他改变的动力。

付诸行动后，他的自我感觉开始变好。记住，最终是他自己选择了采取行动，因为父母让他在成长和搬出家门之间做出选择。他经历了一段过渡期，当然也有倒退的时候，但总体来说，他正在从一名生活的旁观者转变为参与者。

最终我们一致认为，他最好搬出家里，在外面找份工作。所以他去应聘，获得了销售保险的初级职位。马蒂越独立，他的自尊心就越强，对父母的防卫心就越弱。他正在从一个顽固不化的少年成长为一个有团队精神、积极参与家庭和社会生活的人。

大约一年后，辛迪打电话给我，告诉我家里的最新情况："迈克尔，我简直不敢相信我的眼睛！马蒂的变化好大，他搬进了自己的小公寓。

他搬出去的那天，我去地下室看他有没有落下什么东西，然后看到电视旁边还有一台游戏机。我跟他提了一下，他说他再也不玩电子游戏了，因为玩游戏浪费了太多的时间。你能想象到吗！还有，你知道吗，他有女朋友了！是个很可爱的姑娘！非常感谢你！"

"不用谢！你也要为自己感到骄傲。我知道你和约翰要非常努力才能坚持实行计划，但是你们都坚持下来了。"

让自己尽快投入行动是有回报的，因为我们开始用新的眼光看待自己。我们亲眼见证了我们有能力完成外界的要求，因为我们已经开始去做了！投入去改变生活，我们什么也不亏。但如果我们选择拖延，我们就会失去很多。一开始是拖延几天，后面几天会变成几个星期，几个星期会变成几年。然后突然间，我们意识到自己浪费了好多年的时间，在以同样的方式做着同样的事情。而我们本可以用不同的、令人惊叹的方式推进和改善我们的生活。

有时候正是**你自己**阻碍了你成为真正的自己。有一些障碍可能会妨碍你作为最佳自我生活，所以在下一章中，你将学习如何辨认和处理这样的障碍。我们不希望任何东西阻碍你前进的步伐！

第4章 Obstacles

前路上的阻碍越大，你克服它的力量就越强

不要屈服于恐惧，或因失控而停滞不前，你永远可以重新振作。

在任何旅途中，我们都会遇到路障。对我们每个人而言，障碍也不尽相同。当你朝着最佳自我努力时，我希望你睁大眼睛，留意任何阻碍你成功的事情。如果能预见潜在的障碍，你就可以绕道前行了。

我们会讨论一些人们常常遇见的障碍，并分析它们产生的原因和处理它们的方法，这样你就能辨认出需要关注的潜在领域，拆除阻拦你的壁垒。如果你能真正理解是什么阻碍着你与真实自我连接，你就能找到办法清除它并继续走下去。

4 个步骤把你的恐惧打包，扔下悬崖

在生活中，我们常常屈服于恐惧。我们可能没有意识到，一旦让恐惧成为根源，我们就会让一些事物阻挡我们的发展。因此，当务之急是审视阻碍我们的事物，弄清楚恐惧是否为它的核心。富兰克林·D.罗斯福的就职演说中有一句名言："我们唯一需要恐惧的就是恐惧本身。"为什么？恐惧是个谎言，它让你相信，你不够好，你能力不足，

每个人都在评判你。其实很多时候，我们害怕的事情甚至从未发生。我们正花费时间和精力去担心一些永远不会发生的事情。

如果我们把这些精力用在积极的行动上，用在一些能帮助我们前进的事情上，而不是因为恐惧止步不前，会怎么样？这是有可能做到的，我们可以做到。首先，我们要诚实面对自己的恐惧，这样它们就不会扎根在我们的脑海中。我不希望恐惧阻碍你成为最佳自我，所以让我们花点时间来辨认出它们，然后一个一个地解决。

第 1 步：你在害怕什么？

首先，我们先来做一些自由联想。我会问你一个问题，看完这个问题之后，我想让你写下脑海里出现的所有单词。不要有一丝犹豫，只要写下来就好。等到你写完了所有的单词，或者开始重复之前写过的单词了，就停下来。

在这个过程中，正视我们害怕的东西是至关重要的一步，这是一项非常强大的练习，可以锻炼我们的情绪控制能力。照亮你的恐惧是很困难的，但最终你会觉得非常值得。我们所有人都曾在人生的某个阶段，被恐惧以某种方式控制着。一旦你学会辨认是什么触发了你的恐惧，何时开始恐惧，你就能阻止恐惧生根发芽，然后真正塑造你的生活。在生活中发号施令的将是你，而不是恐惧。所以，让我们一起消除恐惧吧！现在回答下面这个问题：

在生活中，什么样的恐惧阻碍着你做出改变？

第 2 步:给你的恐惧归因

你可能没有意识到你的脑海中潜藏着某种恐惧,或者你只是一直在逃避它们。勇敢地把这些恐惧带到最前线,你就已经迈出了战胜恐惧的第一步。现在,让我们迈出下一步吧。

看看你的清单,你是否注意到了一种模式,你的恐惧是否能够很容易地被归因?也许你的大部分恐惧都可以归因于害怕自己不讨人喜欢,或对他人没有价值。当你浏览这份清单的时候,能否看出一个整体的主题?例如,你担心自己无法坚持执行改变生活的计划,或是你害怕失败,害怕其他人的想法,或是你认为自己不配得到更好的。把你看到的写下来。

我一直害怕改变的首要原因是:

_____

第 3 步:检验你的恐惧

做得真棒,看看你在短短几分钟内对自己了解了多少!当我们问自己这些问题的时候,我们开始在一个全新的层面上理解我们自己和我们的动机。现在,让我们在这个优秀成果的基础上再接再厉吧!

把你的大脑想象成一块肌肉。你可以去健身房,通过训练来强化你的肱二头肌,同样,你也可以训练你的大脑。事实上,不论你是否有意为之,你都在不断地训练大脑以某种特定的方式思考。所以,你可能在无意中训练大脑害怕那些无须害怕的东西。对,你可能在害怕某个不真实的东西，然后在此基础上度过每一天，做出每一个决定。

为了让你了解清楚，我给你举个简单的例子。假设你正在做一份工作报告。你已经准备好了演讲的要点，也做了研究，知道自己想说什么。但是每次练习演讲的时候，你都会害怕得僵在那里。

当你站在会议桌正前方时，你会想象所有的同事都在大笑，仿佛看到自己在裸体出席会议。你把注意力集中在你想说的某一点上，但每次说出来的时候就会结结巴巴。这是一场持续两分钟的演讲，以你的能力和经验完全能做好。但你的大脑却陷入了一个蜘蛛网，网上恐惧横行。如果你相信恐惧告诉你的谎言，那么这会影响你的现实生活。

在日常生活中，你是否花费了宝贵的时间和精力去害怕一些并不真实、对你没有实际威胁的事情？你是否在很大程度上让它推动你做决定？你想象中的那个感到恐惧的形象是最佳自我吗？

参考你在第 2 步给出的答案，即你害怕改变的原因。现在，让我们来检验一下这种恐惧：

1. 它是真的吗？

2. 它有助于实现你的最大利益吗？

3. 它能促进有益目标的实现吗？

这些问题能帮助你确定，你的恐惧是否合理。

例如，如果一份工作让你觉得痛苦，想自己创业，你是否担心自己会入不敷出或失去一切？这种恐惧非常合理，但有一种方法可以让你不再恐惧。怎样做才能帮助你克服恐惧，开始创业呢？答案是编织一张金融安全网。在这种情况下，你发现自己害怕破产，所以为了防止恐惧变成现实，你需要在辞职之前，存足以让你生活 _____ 个月的钱（在空白处填写会让你觉得舒心的数字）。这样做，你就降低了风险，有效地消除了恐惧。现在你已经移除了恐惧的障碍，可以自信地继续你的旅程，自己当老板。

所以，现在我想让你写下心中的恐惧，以及这份恐惧如何阻碍你的生活，然后制订一份计划，将它付诸实施，防止恐惧变成现实。

我的恐惧是：

_____

它让我：

_____

为了防止恐惧变成现实，我的计划是：

_____

以下是一个例子：

我的恐惧是：被拒绝

它让我：无法尝试新事物，结识新朋友，顺其自然地生活。认识新朋友的时候，会感到焦虑。和同事在一起的时候，会感觉心神不宁，因为我想让他们喜欢我，所以我觉得有必要试着控制一切。

为了防止恐惧变成现实，我的计划是：当我被拒绝时提醒自己，生活中还有许多更好的事物在等着我，并在这种信念中找到快乐。

你心里有多少种恐惧，就需要做多少次上述的练习。一旦你为每一种恐惧都制订了计划，你就夺走了恐惧的力量，恐惧也就变得毫无影响力了。

第 4 步：用形象化的信念战胜恐惧

我认为恐惧的反面是信念。有一句古老的英国谚语，我把它刻在钥匙链上已经有好些年了。钥匙链上面写着："恐惧敲了门，信念打开门，门口没有人。"如果你相信事情会有好结果，相信自己有能力做好需要做的事情，那么你就夺走了恐惧的所有力量，而且它已确实不复存在了。对于很多人来说，要克服恐惧只需要放开恐惧，用信念取而代之。

下一次，当你意识到恐惧悄然而至，而你无法做出积极的改变时，试试运用这种形象化技巧：

1. 闭上眼睛，想象恐惧。收集所有伴随恐惧出现的视觉形象，以及它在你内心产生的负面情绪。

2. 现在想象自己把所有的这些东西都放进一个大纸板箱里。

3. 然后让箱子变得越来越小，直到刚好和你的手掌一般大。

4. 现在想象自己站在一个巨大峡谷的边缘，这个峡谷深不见底。

5. 把盒子扔下去，看着它掉下去，直到看不见为止。

6. 想象自己转过身，看到一个户外淋浴器。

7. 打开水龙头，让温暖的水流遍你的全身。

8. 睁开你的眼睛，拥抱那种因为信念变得焕然一新的感觉。

你可以在任何需要的时候进行这种想象，因为它可以加强你的信念感，帮助你克服恐惧，获得自由。

当自我失控的时候，不要批评，学会肯定

我认为，你的自我是阻碍你成为最佳自我的最大威胁。需要说明的是，我不是一位精神分析学家，所以我没有从弗洛伊德的角度看待自我。当我谈到自我时，我把它定义为一种深层次的恐惧。不是像害怕蜘蛛或狗那样表面的恐惧，而是一种关于我们对自己的看法，以及我们认为世界如何看待我们的恐惧。如果我们让恐惧真正扎根于我们的内心，它就会成为我们的一部分，就像灌注在我们的性格里。

如果你偶尔发现自己在想、在做或在说的事情都不是真正的"你"，那就是自我。任何时候当你厉声斥责某人，或陷入一场激烈的争论，你感觉自己不再受控制，那就是自我。或者，如果你为了避免尴尬而声称自己能把某件事做得比实际更好，如果你过度承诺又没有兑现，又或者你撒了一个小小的善意的谎言，这些都是自我的表现。

这里有一个真正令人兴奋的消息：如果你担心自我在阻碍你，那还是有希望的！你也许会非常容易与自我发生争论，但我将帮助你。让我们先探索如何认识自我，然后再学会如何让它保持沉默。

第 1 步：认识自我

为了真正弄明白自我在生活中是否占据着主导地位，我们需要了解当我们被它掌控时，可能会有什么样的想法、感觉，以及会产生什

么样的行为。记住，自我并不总是以极端的形式出现。我们的世界从来都不乏自我失控的极端例子。然而，你的自我可能会以更微妙的方式出现。当我们沉浸在自我中时，我们的反应可能是不愉快的。我想通过帮助你调整自己，让你敏锐地意识到什么时候是自我，而不是最佳自我在行动，从而帮你节省很多时间，也让你不再感到头疼。

以下是自我在生活中显露其丑陋一面的常见方式。它可能会以更明显的狂妄自我形式出现（见表 4.1），也可能会以更安静、更难辨认的由自我催生出来的恐惧形式出现（见表 4.2），所以我把这些例子分成两类。这不是一份详尽无遗的清单，但它能给你一个总体印象，让你知道自我在你的生活中可能是什么样子。

有时候我们很难意识到自己有这些行为，所以了解真相的一个好方法就是问问值得信赖的朋友或爱人，他们是否见过你有这些自我的行为。听取别人的意见并不总是那么容易做到，但我鼓励你对他们的建设性反馈保持开放的态度。

表 4.1　10 种明显的狂妄自我

序号	形式	表现
1	防卫心理	你是否曾经发现和别人交谈的时候反应过度？如果你对他说"你防卫心太强了"，他们不会承认，或者会否认这是防卫。这表明他们缺乏接受建设性批评的能力。
2	好胜	这些人会大费唇舌地证明他们所说的是对的，甚至可能会花几个小时，只是为了证明自己是正确的。

（续表）

序号	形式	表现
3	自夸	这是以自我为中心或自恋的一种形式，需要不断提醒身边的人他们有多棒。例如，一位退役足球明星，只要一有机会，他就会说起自己 20 年前的辉煌岁月。
4	报复	这些人会因为感觉别人冤枉了自己而故意伤害这个人。他们会用错误的逻辑为自己辩护。他们相信这么做能打败别人。
5	占有	这些人拒绝分享。他们会把任何自认为属于自己的"所有物"（包括人！）隔绝起来，不让他人接触。
6	说别人的坏话	不论是在网上还是在现实生活中，这些人经常会以侮辱别人或中伤他人为乐。
7	"秀肌肉"	这些人充满了不安全感，他们会不断地照镜子。在健身房照镜子，看窗户上反射出的自己，看汽车后视镜，用手机自拍等。
8	不诚实	这些人因为害怕被评判、被拒绝等，而害怕做一个真实、诚实的人，他们会为了创造一个自己更喜欢的假象而沉迷在关于自己或他人的谎言中。这些人会为了保护自己的外在假象而撒谎，无视重要的生活细节或事件。
9	霸凌	我认为，威胁或恐吓他人是自我失控的终极表现之一。这是当今社会上一个严重的问题，是自我的直接结果。
10	受害者心态	这些人遇到问题时，会拒绝承担自己的那部分责任。我们将在本章接下来的部分更深入地探讨这个问题。确实有一些人在可怕的情况下受到了伤害，我在这里谈论的不是那些人。犯罪的受害者与具有受害者心态的人是不同的。仅仅被某些东西冒犯并不意味着你是一个真正的受害者，而且这种想法是对真正受害者的不尊重和伤害。

表 4.2　8 种由自我催生出来的恐惧

序号	形式	表现
1	寻求外界的认可	这些人完全根据别人对自己的看法来建立自尊。
2	无法独处	害怕孤独的人通常无法独处，因为这么做不会给他们带来需要的情感或认可。
3	极端的拥护者	他们欺负别人是因为自己不认同别人的世界观。这是当今大学校园里普遍存在的问题。
4	不能接受批评	这些人不相信自己有性格缺陷，也不认为自己需要成长。他们不会接受批评，冷静思考，考虑如何在生活中做出改变，批评只会伤害他们的自尊心，而且常常会令他们大发脾气。
5	活在过去	当眼下的生活没有给他们带来曾经那种重要的感觉或正面的经历，这些人就会对过去的生活念念不忘。这种自我的另一种表现是，这些人会提醒别人过去的负面经历，令别人感到痛苦。
6	自我怀疑	这些人会受到缺失感的负面影响，他们不断地寻找一些东西来弥补他们的"无意义"，要么通过让别人感到不安，要么通过自我孤立。
7	不停地道歉	这些人会一遍又一遍地说"对不起"，因为他们强烈地渴望被别人喜欢和认可，他们还没有接纳自己。
8	担心其他人的想法	这些人总是对自己的外貌、表现、地位、智力等感到焦虑，并依赖他人来定义自己的意义和价值。

　　要检验你的思想或行为是否来源于自我，还有一个好方法，那就

是问问你的最佳自我是怎么想的。你可以和你的最佳自我进行对话并讨论这个问题。问问自己："我这样做是出于某种根深蒂固的恐惧，还是代表着最佳自我？"或者"我的这种表现代表了最佳自我，还是来源于自我？"像这样的提示可以很容易地帮你得出：当前的思维模式或行为源自哪里。

回想一下你最近一次感到非常沮丧、焦虑，或者整体上让你感到讨厌的某个时刻。在那个时刻，你的最佳自我会做些什么，或者你的最佳自我会如何反应？这些问题可以帮助你了解清楚自己的行为模式。

到目前为止如果我们讨论的自我特质与表现让你想起了你说过或做过的事情，或者这些特质和表现与你在第 2 章中写下的某些反自我特质相似，我不希望你将其视为一种病态。

你没有问题，正如我之前提到的，我们都会时不时地陷入自我。目标很简单，就是开始认识自我对生活产生的影响，这样你就能掌控它，而不是让它掌控你。

受害者心态：我的错都是别人的错

如果要我在当今文化中选择一种我认为最危险的普遍心态，我会选择受害者心态。扮演受害者的角色意味着在生活中出现问题的时候，把责任推给别人或自己以外的事物。这与所谓的"控制点"有关。有内在控制点的人相信他们可以影响事件及其结果，但有外在控制点的人会把一切都归结于外部力量，包括他人、环境，甚至是命运。

在当今社会，似乎有越来越多的人拥有外部控制点。例如，如果有人在找工作时遇到困难，就认为这是因为当前的政治或经济形势导致的，他们拥有的就是外部控制点。或者，如果他们经常感冒，就认为自己是被同事携带的或工作环境滋生的病菌传染，这就是一种外部控制点心理定势。

如果一个人经历了离婚或糟糕的分手，五年后仍然很痛苦，并且将其归咎于前任，这就是一种外部控制点。从本质上来说，当生活中发生了某件事情，我们把矛头指向他人的时候，我们就在选择拥有一个外部控制点。

这种想法的问题在于：它会夺走你的力量。推卸责任的时候，你实际上是在举手说："嗯，我是一个受害者，我完全无能为力。"当你因为自己的感受或经历去责备别人的时候，你就放弃了自己的力量。放弃自己的力量就意味着，你决定被动接受生活中发生的一切，你拒绝对自己的生活负责。正如你想象的那样，这可能是一种非常具有破坏性的思维模式。

为了与最佳自我保持连接，我们需要对生活中发生的一切承担责任。我们需要找到一种方法来掌控生活，即使在世界似乎和我们对立时也是如此。

当然，坏事情的发生是我们无法控制的。但关键是，我们可以百分之百控制自己对这些事情的反应。我们可以选择陷入抑郁、焦虑、愤怒、怨恨或沮丧，或者只是蒙住自己的脑袋；也可以选择以一种有益于自己和周围人的方式做出反应。如果我们一直感冒，我们可以了解如何提高我们的免疫力和整体健康水平。这样的例子不胜枚举，但最重要的是，我们要做出选择：要么责怪我们无法控制的人或事；要么承担责任，改变行事方式，从而改变结果。

以下这些问题可以帮助你确定自己是否在某些方面推卸责任：

◎ 你认为你会因为老板不喜欢你而无法升职吗？

◎ 你认为有些人很"幸运"，但你不"幸运"吗？

◎ 当你在亲密关系中遇到任何问题时，你会责怪你的父母或
他们养育你的方式吗？

◎ 你是否曾经因为成绩差而责备过老师？

◎ 在你的财务状况似乎无法维持下去的时候，你是否憎恨那
些赚到不少钱的人？

◎ 你是否相信你的体重永远无法减轻，是因为你拥有超重的
基因，于是不去尝试减肥？

这些具体的问题可能适用于你，也可能不适用于你，但它们应该
能让你了解拥有受害者心态是什么样子。我想让你保持警惕，不要在
生活中的任何领域把自己不快乐、不成功或处境艰难的责任推给别人
或别的事物。

另外要记住的一点是，你的控制点既适用于坏事，也适用于好事。
所以如果我们做了一些积极的事情，像是赢得一个奖项，攒了一笔钱，
或者只是度过了美好的一天，我们却认为这是别人或其他事物的功劳，
而不承认我们发挥的作用，这也是外部控制点的例子。

我并非想让你独占所有的功劳，但对我们来说，认识到我们在生
活各个方面所扮演的角色是非常重要的。

记住，其他人可能会故意做一些或者说一些伤害你的事情，但最

终还是由你来决定这些事情如何影响你。所有的外部干扰都只是噪声。既然你可以控制音量，那就把这些声音关掉吧！你的感觉是你自己的，不要让别人影响它们。

第 2 步：练习自我肯定

每当我们想着"我不够聪明"或"我需要在这个领域证明自己"或"我害怕被解雇、不被注意、被拒绝、失败等，这些都是"噪声"，或者是基于自我的想法。它们都和恐惧有关，缺乏自信就是恐惧，需要别人认可就是恐惧。我们暗示自己害怕某件事而设法避免它，这也是纯粹因为恐惧而产生的行为。

幸运的是，针对这些因为恐惧产生的想法，存在一种强大的解决办法。它就是"肯定"关于我们自己的基本事实。回顾一下第 1 章里最佳自我的特质，你会发现你已经创造了许多自我肯定，它们已经准备好为你所用了。如你所知，这些特质构成了你真正的本质。通过命名和了解，它们会成为一种力量，将恐惧从你的关注焦点中驱逐出去。

我曾经和一位女士共事过，我觉得她在生活中吸收了令人难以置信的美好，因为她每天都会对自己说一些无比积极、充满爱的自我肯定的话语。她是一位非常优秀的演员，离过婚，养育着几个孩子。工作时我逐渐发现，她之所以能够脚踏实地保持前进，是因为她不断地进行自我肯定。

肯定就像灵魂的食物，它能使我们重新充满活力。令我惊讶的是，和我交谈过的很多人从未真正自我肯定过。没有自我肯定，不知道他们的日子是怎么过的！当然，自我肯定并不总是那么容易做到，但是它具有很强大的影响力。记住，做这项练习或这本书中的其他练习，不存在"正确"或完美的方法。找到让你感觉舒服的做法，或者更多地运用这些指导说明，启发自己创造出自己的版本。

写下对自己的肯定，大声说出来

用镜子或手机镜头照照自己。通常，当我们照镜子的时候，我们纯粹是以审美的眼光去看我们穿的衣服、我们的头发，或者我们可能会盯着一颗之前没有留意到的痣。但这次，你的目的在于让你用超越审美的眼光看自己。你最后一次看自己的眼睛是什么时候？

你看到了什么？你是谁？你真正爱自己的什么？你所看到的人强大吗？善良吗？慷慨吗？忠诚吗？充满爱心吗？有趣吗？外向吗？安静吗？不要去想这个世界如何看待你，想想你自己是如何看待自己的，从各个层面上，用一些积极的、符合实际情况的词语形容一下。

你的自我可能会让你很难做到这一点，因为它会让你偏离自己的积极特质，转而关注消极的方面。你可能会想一些积极的事情，比如"我是一个充满爱心的人"，但这时自我的声音就会跳出来说："是的，但人们真正了解你后，就会发现你没有那么讨人喜欢。"留意那个声音。

写下 3 条关于你自己的积极的事实，用"我是"开头：

1. 我是 _____

2. 我是 _____

3. 我是 _____

现在，一边看着镜子，一边对自己大声说出这些句子。

当人们第一次尝试自我肯定的时候，他们可能会觉得紧张不安，甚至会觉得自己很傻。但我保证，随着时间的推移这件事会变得更容易。自我肯定是我们共同努力的基石，因为它们会触及你的内核，帮助你与最佳自我保持连接。

屏蔽垃圾信息的输入

如今，我们收到的信息比我们能够处理的要多，我们很容易让这些"噪声"阻止我们得到自己想要的东西，阻止我们保持头脑清醒。所以我会非常谨慎地安排生活中要做的事。正如我们必须注意食物的类型，以确保我们的身体得到适当的营养。同样，我想我们也必须对自己接收的信息加以选择。我们需要滋养我们的心灵，而不是用垃圾内容填满它。垃圾信息既不能满足我们的需求，也无法让我们保持热情。

我们经常被自己未经选择的信息轰炸，感觉就像是被迫听一种我们不想听的音乐。想想广告牌、商业广告、社交媒体上的广告、网站上的弹出式窗口，这类信息多得数不清！所有的垃圾信息聚在一起，突然间，噪声压倒了一切。结果可能是，我们会变得反应激烈或易怒，却不知道为什么会这样。过去我们对自己接收的信息流有更多的控制，而现在，信息每时每刻都在从四面八方涌进来。

你可能会发现自己对新闻中看到的信息有一种情绪反应。我认为这一定程度上是因为社会中每天都有各种"专家"组成的小组对当天发生的新闻吵来吵去。他们经常十分详细地讨论自己不认识的人的生活。我确实认为你应该了解世界上发生的事情，但我鼓励你从信任的来源获取这类信息。这类来源会以一种实事求是、不偏不倚的方式传递信息，这样你就不会陷入其中。当你关掉新闻时，你应该感到自己获得了更多的知识，而不是更愤怒。

这里有一个问题，你是调大了最佳自我的音量，还是制造了更多的噪声？有很多方法可以减少噪声，甚至让你的噪声变得更有益。例如，在社交媒体平台上，你可以选择只关注自己感兴趣的人，从而更多地接收对你有用的信息。另一方面，如果社交媒体上的人让你充满负面的想法，要学会不再关注他们。你可以爱一个人，但不喜欢他们在网上制造的噪声。

我曾经和一位乡村音乐艺术家合作过，他具备成为超级巨星的所有条件。他有着非凡的天赋和帅气的外形，但他却让生活的噪声干扰自己，让自己难以发挥潜力。噪声来自网上的挑衅者，他们在社交媒体上无情地骚扰他。

任何一个稍有名气的人都会告诉你，如今这种骚扰是司空见惯的事。但这位艺术家犯了一个致命的错误，他和挑衅者纠缠在了一起。千万不要和挑衅者纠缠！一旦他与这些人沟通得太多，他就无法回头。当他抬头看时，他的事业就像身边一堆阴燃的灰烬。他无法关掉噪声，为此付出了代价。

在过去的几年里，我自己的职业生涯变得更加公开，现在有更多的人在网上评论我。进入公众视野对我来说是件新鲜事，不久前，我还一直完全在幕后工作。即使在幕后工作，也会有很多噪声。现在我的工作和生活更加公开化了，噪声也变得更大了。当不认识你的人对你发出噪声时，记住：你不欠他们什么。你不需要去听他们在说什么，当然也不需要回应。专注于实现自己的目标吧！

早起的奇迹：拯救过山车式的晨起时间

你的习惯，尤其是早上的习惯，可以帮助你，也可以阻碍你与最佳自我保持一致。只需要做一些简单的调整，你就可以创造一个帮助你更容易与最佳自我保持一致的日常习惯。

我总是说让自己迎接新的一天才是重要的，而不是让新的一天来迎接你。我的意思是，晚上设定好闹钟，第二天心怀一个积极的目标醒来。我也鼓励你在新的一天开始的时候，花几分钟时间想想生活中所有让你感恩的事情。列这份感恩清单的时候，试着想一些无形的价值。对我们而言，物质上的价值没有那么重要，更重要的是我们获得的馈赠。列一份感恩清单可以让你步入正轨。

你可以在早上的任何时间做这件事。早上在家的时候，我会坐在我最喜欢的椅子上，把脚抬起来，把一个枕头放在椅背上，用非常舒服的姿势来做这件事。

记住，形成真实的日常习惯。问问你自己，这些习惯对我来说是可以实现的吗？它们会让我更容易做真实自我吗？比方说，如果每天早上，你要等孩子开始哭喊才会醒来，此后再也没有时间喘口气，那么你的这个习惯肯定会阻碍你进步。

如果你还没来得及花点时间审视一下自己，过山车式的生活就开始了，那么你将很难和最佳自我连接起来。在上班路上的时候，从床上爬起来的时候，或者到外面散步的时候，你可以想一下自己的感恩清单，在这些时候你需要专注于你所感恩的事情。不论怎么样，都要找时间思考自己的感恩清单。

其他可以考虑的晨间习惯有：写下你今天的目标，做瑜伽或伸展运动，听冥想音乐，用一顿健康的、能带给你活力的早餐开始新的一天，洗澡后对着镜子自我肯定。无论你目前的情况如何，我鼓励你尝试养成一些新的习惯，看看什么最适合你。

注入仪式的力量，说出你的"魔法咒语"

在你的旅途中，有些东西可能会阻碍你成为最佳自我。为了克服这些障碍，我想和你分享一种方法。它曾为我带来过惊人的帮助，那就是注入仪式的力量。

还记得我在引言中和你分享的仪式吗？它能带给我力量，让我每天都和最佳自我保持一致。在重要会议之前我会这么做，在每次写这本书的稿子之前我也会这么做。我一直在做这个仪式，现在轮到你了！

想想你在照镜子的时候，说什么话能给你打气，让你充满活力，让你和真实自我相连接，让你感到谦卑？这样你就不会出于自我而行动，也不会试图证明自己。

我的咒语已经改很多次了，你的咒语也不必一成不变。它应该像你一样，不断进化。我用过的一些咒语是："你已经足够好了。""你做到了。""做你自己。""你比你想象的要好。"

一旦确定了你的咒语，我建议你创造一些仪式，即怎么对自己说出这句咒语。我喜欢跪下，以此作为一个象征性的姿势，然后念出我的咒语。这对我有用，但你需要找到对你有用的仪式。和我共事过的一些人喜欢在登上舞台之前的几分钟里清理他们的更衣室，然后做呼吸练习。有一个客户喜欢每天写下 25 件他所感恩的事情，作为每天的咒语。这个仪式甚至可以是早上一醒来就和宠物玩耍。

等你创造出属于自己的、具体的咒语后，就可以将它付诸实践了。我建议你在做工作报告之前、在约会之前、在进行一次艰难的谈话之前、在一次家庭活动之前以及在做任何对你来说重要的事情之前、在你想要和真实自我保持一致的时候，都可以说出你的咒语。你周围的人会感觉到你在内心创造出来的正能量。

记住，只要你感觉自己停滞不前，或者你感到担心或害怕的时候，都可以回顾这一章的内容，寻找你需要的信息，重新做一些练习。记住，你随时可以问最佳自我需要做什么！

现在我们将非常具体地帮助你真正地与最佳自我保持一致，这样你就能拥抱你的理想生活。我们将通过深入探讨你生活的七个领域（SPHERES）来实现这一点。现在你已经为这段旅程做好了准备，如果你认真对待它，那么你可以放心，你的生活将会变得更好！

第 5 章 Social Life

你想给这个世界留下怎样的"第一印象"?

我们每个人以美丽而有趣的方式交错在一起，编织成了社会。

　　几乎所有行业都有评估和检查工具。医生或治疗师有临床评估，我也想创造一个适用于人生教练工作的检查工具。这就是为什么我创造了 SPHERES，它会审视一个人生活的各个领域，帮助每个人认识自己的优缺点。SPHERES 代表了社交生活、个人生活、健康、教育、人际关系、工作和精神生活。

　　在本章节，我们将重点放在 SPHERES 的首字母"S"上，我们将从沟通技巧的角度来审视你的社交生活，我们也将真正深入了解你与他人互动时的内心感受。你能在任何社交场合做最佳自我吗？

　　你可能并没有把社交生活当作优先考虑的事情，为什么要花时间来关注它呢？你也知道，我想用这本书让你在任何时候都可以自由地做最佳自我。任何时候指的是当你独自一人的时候，当你和你爱的人在一起的时候，当你生活在这个世界上的时候。你的内在已经开始转变，所以，现在我们需要关注的是外在的你如何转变成最佳自我。

　　在每一个 SPHERES 章节的最后，你会看到一个小测验。它将帮助你非常清晰地看到，在生活的各个领域，什么在起作用，什么不起作用，以及什么样的行为能帮助你克服这个领域里的任何障碍。首先，让我们来读一读这个章节，思考一下你的社交生活。

社交时长与我们的幸福感直接相关

科学界对于社交的正能量做过很多研究。你可能会惊讶地发现，和别人待在一起可以让你产生幸福感，帮助你对抗抑郁，甚至可以提高你的脑力。密歇根大学的研究人员发现："社交活动有助于锻炼人们的思维，提高人们的认知能力。当人们与他人社交和进行心理交流时，他们的认知能力会得到即时的相对提升。"所以社交活动是对大脑的一种锻炼，就像锻炼身体会让你变得更强壮一样。

盖洛普健康（Gallup-Healthways）对 14 万多名美国人进行过一项调查。在这项调查中，研究人员发现，当我们一天花 6 到 7 个小时与朋友或家人社交时，我们是最快乐的。这说明了很多问题！我们花在社交上的时间与我们的幸福感直接相关。当你继续踏上独特的旅程时，可以想想如何发掘周围人的能量和想法。你永远不知道灵感或真正的连接什么时候会出现，可能出现在你在杂货店排队的时候！但如果你一个人坐在家里的沙发上，它是不会出现的！

你能给你的社交能力打几分？

表 5.1、表 5.2、表 5.3 和表 5.4 可以帮助你客观地看看自己是如何与他人互动的。确保你充分理解每一个问题，然后尽可能诚实地回答。

表 5.1 第 1 部分: 明确地传递信息

问题	回答		
	通常	有时候	很少
1. 你和别人交谈有困难吗?			
2. 当你试图解释某件事时, 别人是否经常抢词或替你表达?			
3. 在谈话中, 你通常是以自己喜欢的方式说话吗?			
4. 当你的想法与周围人不同时, 你会发现表达自己的想法很困难吗?			
5. 你是否假设别人知道你想说什么, 于是留出空间让他们来问你问题?			
6. 当你和别人交谈时, 他们是否感兴趣和专注?			
7. 说话的时候, 你是否很容易看出别人做出的反应?			
8. 你会问别人对你努力表达的观点有什么看法吗?			
9. 你意识到你的语气可能会如何影响别人吗?			
10. 在谈话中, 你希望谈论双方都感兴趣的事情吗?			

表 5.2 第 2 部分: 倾听

问题	回答		
	通常	有时候	很少
11. 在谈话中, 你会比别人说得更多吗?			
12. 当你听不懂对方说的话时, 你会提问吗?			

问题	回答		
	通常	有时候	很少
13. 在谈话中，你是否经常试图在对方说完之前就弄清楚对方想要说什么？			
14. 你是否发现自己在与他人交谈时注意力不集中？			
15. 在谈话中，你能轻易分辨出对方说的话和他们的感受之间的差异吗？			
16. 在对方讲完话后，你会在回答之前阐述你听到他们说了什么吗？			
17. 在谈话中，你倾向于做总结吗？还是希望别人说出自己的想法？			
18. 在谈话中，你是否发现自己最关注事实和细节，但经常忽略说话人的情绪基调？			
19. 在谈话中，你会先让对方说完再回应吗？			
20. 你很难从别人的角度看问题吗？			

表 5.3　第 3 部分：给予和接受反馈

问题	回答		
	通常	有时候	很少
21. 你是否很难听进去或接受他人的建设性批评？			
22. 当有人伤害了你的感情，你会和对方探讨吗？			
23. 在谈话中，你会设身处地为别人着想吗？			

（续表）

问题	回答		
	通常	有时候	很少
24. 你会克制自己，不去说一些会让别人不高兴或让事情变得更糟的话吗？			
25. 当别人称赞你时，你会感到不安吗？			
26. 你是否因为害怕别人生气而很难说出不同的意见？			
27. 你发现称赞或表扬别人很难吗？			
28. 别人是否说过你总是认为自己是对的？			
29. 你是否发现，当你不同意别人的观点时，他们似乎会开始采取防御的姿态？			
30. 你会通过表达感受来帮助别人理解你吗？			

表 5.4 第 4 部分：处理情感互动

问题	回答		
	通常	有时候	很少
31. 当别人表达自己的感受时，你是否倾向于转换话题？			
32. 当有人不同意你的观点时，你会感到很沮丧吗？			
33. 当你生某人气时，你会发现很难清晰地思考吗？			
34. 你对处理自己与他人分歧的方式感到满意吗？			
35. 当有人惹怒你时，你会气很长时间吗？			
36. 你会向你可能伤害过的人道歉吗？			

（续表）

问题	回答		
	通常	有时候	很少
37. 当你和别人之间出现问题时，你能不生气，好好和对方讨论吗？			
38. 当你犯错时，你会承认吗？			
39. 如果有人在谈话中表达自己的感受，你会回避或改变话题吗？			
40. 当某人变得沮丧时，你是否觉得很难继续谈话？			

完成了问卷，做得好！我希望你已经可以看到，清晰地了解自己与他人的沟通是多么有用。现在看看你勾选的答案，并按照下列要求把每题的分数填入得分表中（见表 5.5）。

例如，如果你回答的是"通常"，那么就在"通常"那列写下 0。如果你回答的是"很少"，那么在"很少"那列写下 3，如果你的回答是"有时候"，那么就在"有时候"那列写下 1。

问卷的每一部分都有 10 个问题。当你把所有问题的分数写下来后，分别把 4 个部分的得分计算出来。

第 1 部分（明确地传递信息）总分：＿＿＿＿

第 2 部分（倾听）总分：＿＿＿＿

第 3 部分（给予和接受反馈）总分：＿＿＿＿

第 4 部分（处理情感互动）总分：＿＿＿＿

表 5.5 得分统计表

得分表			
问题	通常	有时候	很少
1			
2			
3			
4			
5			
6			
7			
8			
9			
10			
11			
12			
13			
14			
15			
16			
17			
18			
19			
20			
21			
22			
23			
24			

（续表）

得分表			
问题	通常	有时候	很少
25			
26			
27			
28			
29			
30			
31			
32			
33			
34			
35			
36			
37			
38			
39			
40			

现在，让我们来解读一下你每个部分的得分。

◎ 1~15 分，表明这个部分需要改进。

◎ 16~21 分，表明这个部分需要更多的持续关注。

◎ 22~30 分，表明这个部分的表现很好。

写下你表现很好的部分，以及需要更多的关注和改进的部分。

表现很好的部分：

_____

需要更多的关注的部分：

_____

需要改进的部分：

_____

高效沟通的艺术：你只需对自己的情绪负责

如果你的得分表明你需要更加关注如何"明确地传递信息"或者你在这方面还有改进的空间，问问自己为什么这对你来说可能是一个挑战。是因为你在自己与人沟通的能力上形成了一种自我限制的信念吗？有没有可能是过去的某件事影响了你今天和别人说话的方式？你的行为是出于恐惧或自我吗？

如果你害怕别人不把你当回事，那么你很容易就会落入成为"万事通"的陷阱。如果你过分专注于你想要传达的信息，而忘记了真正倾听别人的想法，那么别人可能会听不进去你的话。

如果你正在试图改善极端的社交焦虑，你可能需要寻求专业治疗师或人生教练的建议。正如我们从创造最佳自我中学到的，我们知道社交焦虑并非来自最佳自我，所以你完全有能力克服它！

我发现有的人难以与他人有效沟通，往往是因为他们产生了一些阻碍自己的恐惧或焦虑。他们可能只是没有意识到自己是如何与他人沟通的。如果是这种情况，请参阅表 5.1 中的问题，并认真研究它们。想想如何设定具体的目标来提高你与他人有效沟通的能力。

如果你的分数表明你需要提高倾听的技巧，问问自己为什么会这样。做一个好的倾听者意味着愿意不再只专注于自己想说的，而是真正敞开心扉接受他人的想法。

你害怕别人说出你不想听的话吗？你是否渴望自己是屋子里唯一一个拥有好点子的人？你是否让自我蒙蔽了倾听的能力？下次你和别人说话的时候，试着听听他们说了什么，然后对他们说："所以，我听到的是……"重复他们说的话。你也可以扮演镜子的角色，这样他们就知道在你听来他们的语气是什么样的，以及这是否符合他们的本意。当你是一个好的倾听者时，你很可能在做最佳自我。

如果你的总分表明你需要更开放地给予和接受反馈，问问自己第一次注意到自己难以接受他人的反馈是什么时候。你曾经被别人欺负过吗？你是否让这种经历影响了现在的你？你认为自己不值得被表扬吗？另一方面，你是否曾经给过别人反馈，但从他们那里得到了消极的回应？为了以真实自我进行社交，你必须愿意把所有这些经历抛至脑后，与他人一起处在当下。

给予和接受反馈是关键，因为我们就是这样互相帮助、互相提升，并在成长道路上继续前进。如果有人愿意诚实地面对你，那么接纳他们的诚实是很重要的。例如，当别人称赞你时，把它看作是最真诚的礼物，优雅地接受它。用消极的态度斥责别人，告诉他们做错了什么，那么他们可能会充耳不闻。没有人想被别人攻击。但是，如果你能用一种温和的、关心他们的、以解决问题为导向的方式来表达，而且只有当你确保他们愿意倾听之后，你的反馈才能对他们有所帮助。

如果你的分数表明你需要关注自己处理情感互动的方式，那么想一想你目前是如何做的。我们都经历过高度紧张的情况，但走出舒适区能让你有机会更深入地与真实自我，与他人连接起来。

当你情绪高涨的时候，不要压抑自己，不要让自我控制自己，想想如何做，你才能看到别人当下的样子，并且好好关心那个人和你自己。

如果有人向你表达情感，很重要的一点是，你要知道你不需要以某种方式拯救他们。比如，当某人哭泣时，你可能觉得自己需要做些什么来让他们停止哭泣。你只需要递一张纸巾，让他们为自己需要的东西提出要求。如果有什么你能做的，他们会告诉你。重要的是，要意识到你不需要为别人的情绪负责。

如果有人因为某些原因对你感到生气，你也要意识到你没有责任让他们消气。如果有人对你大喊大叫，但你不认为自己做了什么才导致他们那样表现，那么需要解决这个问题的不是你，而是他们。当然，如果你对别人做了错事，那就去弥补，他们会选择是否接受。

家庭聚会时，你可能需要表现得更谨慎，因为相比你自己的生活，它可能会带给你更多的负面影响。你不需要修复你的家庭，因为你无法修复它。你只需要对自己的情绪负责，别人的情绪与你无关。

生活是坎坷的，它很混乱，而且常常很情绪化。有时候生活感觉像是坐过山车。情感是我们生活中的重要组成部分，也是我们成长和与他人相连接的方式之一。不要逃避自己的情绪或他人的感受，相反，拥抱它们，用它们来加深你和自己以及和社交圈的关系。

我们每个人都代表着一根不同的线，我们以美丽而有趣的方式交错在一起，编织成了社会。拥抱我们都体验过的人类情感，让你的社交生活充满生机吧！

特别会社交的人不只会说话

我们中很少有人天生就拥有出色的社交技巧，我们必须不断练习才能做得更好。这10条社交技巧可以帮助你更好地与人进行社交。

1. 记住你想分享的东西：为聚会做准备，想一两条你了解到的信息或者你最近经历过的事情。这样你就可以创造话题，而不需要绞尽脑汁思考要说什么。确保你的话题适合这个群体。

2. 处在当下：社交时，试着集中注意力，融入周围的环境、你的谈话以及身边的人。我经常在参加活动前冥想一个小时左右，提前进行我的仪式，和真实自我保持连接，向周围的人展示自己真实的一面。

3. 向他人提问：在大多数情况下，人们喜欢谈论自己，所以问问他们的兴趣、工作、爱好或家庭。不要表现得好像你真的只是在乎他们的回答，要确保你真的在乎他们。

4. 学会倾听：最擅长谈话的人是最好的倾听者。仔细倾听并将你听到的回答联系起来，专注于谈话。另外，确保你没有打断别人的话。如果你急于说出心中所想，你可能已经养成了插嘴的习惯。但我鼓励你保持沉默，等对方说完再分享你的想法。

5. 保持开放的肢体语言：你的身体释放出的信息非常强大。有人说非语言暗示占交流的 70%。保持自信的姿势，挺胸站直。不要在身体前方交叉双臂，这样会显得你有防御心或不安全感。记住要微笑，但要确保你的微笑是真实的。宾州州立大学的一项研究表明，人们可以辨别你的微笑是否虚假，真正的微笑会让人觉得你受欢迎、礼貌、能干。要用整张脸微笑，而不仅仅是嘴。

当我第一次上镜的时候，我意识到在我听别人说话时，我的脸看起来夹杂着忧虑、愤怒、无聊和疲劳。但实际上，我只是在观察这个人，看他的肢体语言，听他们说的话和语气，并试图与他们建立连接。这表明你不一定能通过别人脸上的表情来猜测他们在想什么！通过上镜，我了解到当我做出那种表情时，可能会吓到别人。所以我做了很多练习，学会更经常微笑。这有助于我和别人更好地沟通，使我感觉更好。我仍然是真实的，但我更轻松，更舒服，更有自知了。

6. 注意你的语气：你说话的语气和音量能向对方传达很多信息。当然，不同的情况需要不同的语气，所以关键是要理解你的听众和当下的情形。有时更适合用正式的语气而不是非正式的，有时更适合用有趣的语气而不是严肃的，有时适合用恭敬的语气，有时适合用接地气的语气，有时适合用热情的语气，有时适合用实事求是的理性的语气。明智地做出选择，因为你传达的语气和你说的话一样重要！

7. 聊天，不要说教：每个人都有自己的观点，但除非有人询问你的想法，否则不要四处大声地传播。不要假设别人在某个话题上和你拥有相同的观点，尤其是热门话题。我并不是建议你隐藏自己对某一话题的真实感受，而是选择一个合适的时机来讨论你的感受和观点。

8. **保持眼神交流**：没有什么比和一个眼神游离的人说话更糟糕的了。你可以通过注视别人的眼睛来让他们感到自己的话有被听进去。当你和别人说话的时候，不要低头看手机或自己的手。我看到这样的情况常常发生，但这是很多人的忌讳。另外，当你和别人吃饭的时候，尽量避免把手机放在桌子上，避免每次手机响的时候都低头看。在别人说话的时候要微笑，看着对方，这样他们就知道你在听他们说话。

9. **给予积极的反馈**：当你进入一个社交场合时，注意一些细节，用积极、真实的方式做出评论。赞美别人！当别人在你身边的时候，没有什么比真诚的赞美更能让他们感到舒服和被接纳的了。

10. **接纳陌生人**：在社交场合中，没见过某人并不意味着你应该忽视他们。走到一个陌生人面前，先握手，然后自我介绍。你永远不会知道，那个人会不会成为你一生的朋友！

如今我们的社交生活似乎比以往任何时候，都更多地与网络媒体交织在一起。我们可以选择用健康有益的方式使用社交媒体，也可以选择用破坏性的方式使用它。你的社交媒体资料已经成为你给世界留下的"第一印象"，这是我们身份的一个组成部分。问题是，社交媒体上的你是最佳自我吗？或是你的反自我？当你浏览自己的各种社交媒体资料和自己在别人页面上做出的评论时，问问自己这个问题。

以下还有一些关于你的社交媒体生活的问题：

◎ 你在网上发布的内容是否积极向上？换句话说，看到你发布的内容，你的朋友和熟人会大笑、微笑还是回避？

◎ 你在社交媒体上的身份和你在现实生活中的身份相符

吗？想想你除了在照片上使用滤镜或编辑工具，还做过些什么——你在网上说的话是否反映了你的最佳自我？

◎ 你每天花多少时间浏览各种消息？你知道吗，每天在社交媒体上花两个小时相当于每年在社交媒体上花一整个月的时间。你确定你想这样利用你的时间吗？

◎ 你是否会在社交媒体上发布一些负面的内容，发布完之后感到悲伤、沮丧、生气或愤怒？这对你有用吗？

◎ 你是否发现自己会就一些令你心烦意乱的社会问题发表评论或发布一些内容，但没有在现实生活中采取任何行动？

◎ 你是否曾用社交媒体处理现实生活中害怕面对的问题？

◎ 你是否在社交媒体上攻击过你认识的人，而不是当面和他们讨论你的问题？

基于你对以上问题的回答，你觉得你需要调整自己使用社交媒体的方式吗？当你做以下关于社交生活的测试时，请记住这一点。

你在社交生活中做到最佳自我了吗？
◦ Social Life ◦

第 1 部分：给你的社交生活打分，分数范围为 1 ~ 10 分。"1"表示你觉得你的社交生活陷入了困境，需要立即关注这个领域。"10"表示你觉得自己的社交生活状态非常好，不需要做任何改善。在给自己打分时，你需要考虑社交生活的这些方面：

◎ 你的沟通技巧，比如你如何倾听他人，如何接受和给予反馈。

◎ 你的社交互动的质量和数量。

◎ 你的社交媒体生活。

◎ 以及最重要的，出现在所有社交场合的是否为你的最佳自我。

社交生活评分：_____（日期）_____ 分

第 2 部分：现在，列出一些在你的社交生活中起作用的行为，以及它们起作用的原因。

例子：

◎ 当我社交的时候，我感到自信和真实。

◎ 我会为充实的社交生活腾出时间。

在我的社交生活中起作用的行为是：

_____ 为什么？ _____

_____ 为什么？ _____

_____ 为什么？ _____

第 3 部分：哪些行为阻碍了你在社交生活中获得想要的东西？

例子：

◎ 我不相信自己擅长社交，所以我尽一切努力避免社交。

◎ 在社交场合或社交媒体上与他人互动的并不是真实的我。

在我的社交生活中不起作用的行为是：

_____ 为什么？ _____

_____ 为什么？ _____

_____ 为什么？ _____

第 4 部分：基于你刚刚写下的一切，我想让你思考一下你需要做些什么，才能让这个领域的评分上升到 10 分。

你可以总结你需要继续做的行为，因为它们对你有用，也要总结你需要停止做的行为，因为它们阻碍着你获得想要的东西，另外还要总结你需要开始做的行为。

为了让我的社交生活达到 10 分，

我需要继续：_____

我需要停止：_____

我需要开始：_____

在"七个领域"（SPHERES）章节之后，你会发现有一章专门讨论如何为你生活的每个领域创造和实现新的目标。你将回顾自己在社交生活中所做的令人兴奋的探索，并利用你所发现的宝贵信息来推进你的旅程，从整体上改善你的生活。

接下来，我们将一起探讨你的个人生活，发现关于你最重要的人际关系（与你自己的关系）的新信息。

第 6 章 Personal Life

我发誓"不再继续忽视内心的声音"

不要屈服于恐惧，或因失控而停滞不前，你永远可以重新振作。

在前一章中，我们讨论了如何在社交场合向外界展示真实的你。在这一章中，我们将把注意力转向内在，探讨你生命中最重要的关系，你和你自己的关系。主要目标是确保你对自己足够尊重和理解。

听起来很容易对吧。但你会惊讶地发现，对某些人来说，做到这一点有多么困难。也许你一点也不感到惊讶，因为你一直被一种自我厌恶的感觉所困扰。但是要知道，你在塑造一个真实的、积极的自我上所花费的时间会很值得，而且会给你生活的其他领域带来益处。

在这一章中，我们将评估和改善你在以下这些重要方面的现状，包括内心对话、自我关怀，以及你对爱好和生活趣事的热情。我在许多客户和朋友身上发现，个人生活很容易在日常生活的冲突中迷失，尤其是当其他领域占据了生活的主旋律时。

如果我们不加干预的话，丰富的内心世界可能会完全消失。这就是为什么菲尔博士的妻子的一句话如此吸引我。她说，"首先，照顾好自己并不是自私。"这很基本，但是我们很容易忘记要先照顾好自己。罗宾带给我很多启发，因为她确实发现了生活中的一些真谛。她知道，父母们常常忘记要先照顾好自己。因为他们非常想给孩子们最好的，所以经常把自己从优先事项列表中剔除。

罗宾在她母亲身上亲眼见证了这种情况。她在她的一本书写道：

我对母亲的许多记忆都围绕着她为别人所做的事：为我们七口之家做饭，在我们生日那天烤我们最喜欢的蛋糕，熨我父亲的衬衫，在缝纫机边俯身为我们做衣服，照顾她的孙辈，宠爱他们。即使是她在这个世界上的最后时刻，她也把注意力集中在别人，这真正反映了她是如何生活的。

当时我 32 岁，和菲利普刚搬进新家。搬家没有按计划进行，搬家工人在午夜之后才到，一场倾盆大雨把我们满屋子的箱子变成了一堆湿漉漉、臭烘烘的纸板。我在整理被水浸湿的东西，为了安慰我，母亲给我烤了一个南瓜派。这是她去世前做的最后一件事。

20 多年过去了，想到这一点，我仍然会哽咽流泪。我钦佩并试图模仿我母亲的无数品质，比如她坚定的信仰，她对家庭强烈的爱，她在困难时期的坚强，但不包括她对自己的忽视。从她去世的那一天起，我发誓不再继续忽视自己。

作为父母、榜样、员工、雇主、朋友、儿子、女儿、兄弟姐妹等等，为了以最佳自我面对他人，你必须首先照顾好自己。如果你不好好照顾自己，你就不会有足够的情感或体能去照顾好你所爱的人。所以，我建议你每天多提醒自己几次，直到它牢牢植根在你心里。

内心对话：让大脑成为你最棒的支持者

你有没有听过自己对自己说的话？一些著名的研究表明，当我们改变对自己说话的方式时，我们实际上能够改变大脑的结构。但正如神经学家所发现的，我们的大脑具有可塑性。这个概念被称为神经可塑性，科学家将其定义为"神经系统为适应内外环境的变化而改变自身结构和功能的能力"。这意味着，在我们的一生中，大脑和神经系统会随着我们身体内外发生的一切而相应地变化。你也可以把大脑的可塑性看作是对神经系统的结构和功能做出适应性改变的能力。

我想讨论的是你如何通过内在的对话，即你向大脑传递的信息，来改变大脑的结构和功能。如果我们告诉自己，我们有能力、强壮、聪明，那么我们的大脑就会做出相应的反应。相反，如果我们告诉自己，我们没有长处、虚弱、愚笨，那么我们的大脑将遵从这些指令。你告诉自己你是什么样子，你就会变成那个样子。

伦敦国王学院精神病学、心理学和神经科学研究所进行的一项研究发现，重复的消极思维可能会增加一个人患阿尔茨海默病的风险。在另一项研究中，研究人员发现，当我们练习自我控制时，我们可以提高大脑的自控能力。我们都听过这样的奇闻轶事，但现在科学依据能证明我们的思维可以改变我们的大脑。

在这次旅行中，你是引航员。你告诉你的大脑该做什么，它就会遵从你的指示。所以，让我们聆听你的内心对话，然后把它送入一个新的传送带。现在，你要告诉你的大脑你是什么样的人，你想要过什么样的生活，然后它们就会成为现实。

　　下面的练习可以帮助你关注自己的习惯和行为模式，将你从消极的内心对话中解放出来。

练习 1 : 你平常会对自己说什么？

　　每隔多久，你会真正停下来倾听自己在对自己说什么？大多数人很少或从不分析他们的内心对话，但其实这样做具有真正的价值，因为我们的想法创造了我们的情绪。然后，这些情绪会支配更多的想法。除非我们能够意识到消极的想法正在形成，踩下刹车，重新调整方向，否则它们可能真的会变成消极的想法。

　　最严厉的批评者就住在你的两耳之间，但最好的、最鼓励你的朋友也可以住在你的两耳之间。我想让你好好熟悉你每天对自己说的话。你可以把这些想法写在你的日记、手机、平板电脑，或这本书上。这个练习你可以做一天或一周，这取决于你。这是一种很好的方式，帮助你倾听和识别自己传递给自己的信息。

　　从现在开始，每两个小时，你就停下来，花几分钟时间审视一下自己，想想你对自己说的话，然后思考以下这些话题。

◎ 过去的两个小时里你在做什么？

◎ 你的智力。

◎ 你的实力。

◎ 你的技巧和才能。

◎ 你的价值，包括自我价值和对别人的价值。

◎ 你的外表。

如果你喜欢在听到自己内心对话的时候就写下来，而不是每两个小时写一次，那也没问题。重点是，真正清晰地理解你在一天里的内心对话，同时不打乱你的日常计划。

练习2：当压力来临时，你会对自己说什么？

想象一下，明天你将在工作中做一个重要的报告。老板和同事，以及几位重要客户都会在场看着你做这个报告。现在是前一天的晚上，你关了灯，躺在床上，想着这场报告，你在对自己说什么？花点时间诚实而彻底地思考一下你会想些什么。如果你在和自己对话，你会说些什么？尽可能多写一些你可能会说的话，深挖一下，身临其境地去想象，就好像它真的发生了一样。

练习3：你的内心对话中有哪些共同的主题？

回顾一下你在做练习1和练习2时写下的内容。你是否在这两组信息中看到了共同的主题或线索？如果是的话，它们是什么？

练习4：你内心对话的语气是什么？

当你回顾你在做练习1和练习2时所写的内容时，你会如何描述你内心对话的整体语气或情绪？

◎ 总体上是积极乐观的吗？

◎ 如果是积极的，那么它是理性的吗？换句话说，你给自己

传达的积极信息是否符合现实？

◎ 是悲观主义还是失败主义？

◎ 是否有某些内心对话听起来特别刺耳或尖锐？

◎ 是否有某些内心对话听起来极其乐观或好听？

◎ 圈出你写下的特别积极或特别消极的内心对话。

练习 5：你的控制点是什么？

回顾你在做练习 1 和练习 2 时写下的内容，问问自己这个问题：你写下的内容告诉了你什么信息，或者让你明白了自己可以在多大程度上控制生活中发生的事情？你是不是在告诉自己，你掌控着自己的生活（内部控制点），或者你的生活是由外部力量或他人决定的（外部控制点），又或者一切都取决于运气？

练习 6：面对自己时，你是什么样的教练？

对于你搜集的关于内心对话的珍贵数据，我还想让你做最后一件事。我想培养你内在的人生教练，听听他要说些什么。你的内在人生教练是一个刻薄的人吗？当你偏离轨道时，他会痛打你吗？你的内在人生教练会鼓励你吗？当你在看自己写下的内容时，回答这个问题：面对自己时，你是一个什么样的教练？

看看你在做练习 1 和练习 2 时记录下的信息，看看你是不是那种可以依靠的，会鼓励你、激励你的教练？或者你的内在人生教练会让你崩溃，让你更加害怕自己？你是否在主动地为自己构建一个不健康的内部环境，并让它对你在现实世界的体验产生负面影响？还是说，你会向自己传达理性的、具有乐观主义的信息吗？

假如你决定在深夜吃几块比萨和一些冰激凌，你会不会对自己说："看看你，吃这些你不应该吃的东西，你没有意志力，你这个失败者！"或者你会不会这样想："嘿，不要自责！它们的味道很好，而且你不那么经常吃比萨或冰激凌。你明天醒来又不会重 2 公斤。"再或者你会不会说："你的比萨瘾复发了，不妨再点一份比萨！再吃一轮！"

你还可能这样想："下次让我们开一个比萨和冰激凌的派对，邀请一些人来参加！"你可以从很多方式中选择一种，来对自己谈论某个活动或决定。那个声音是你内在的人生教练，你的目标是让你的教练充满爱心地帮助你与最佳自我保持一致。

面对自己时，你是一个什么样的教练？具体说说：

_____

你已经对你是如何与自己交谈的有了一些了解。我们和大脑一直在持续不断地对话，承认这一点并用心倾听我们对自己说的话，就可以重写它。现在你已经确定了你在哪些领域向自己传递了不友善或令人沮丧的信息，你可以开始根除这些想法。

下次当你开始对自己产生消极的想法时，想象一个警钟在你的脑海中敲响。当你听到钟声时，立即停下来并选择否定这个想法，然后选择传递给自己一条新的信息。

例如，假设你正在为一个社交活动做准备，在这个活动中你将有机会拓展人际关系。当你穿好衣服准备出门的时候，你可能会瞥见镜子里的自己，然后想："我不知道为什么要为这些事烦恼。我从来不知道要对陌生人说些什么，我觉得很尴尬。"

你或许会想,"哇,我看起来又老又疲惫"现在,当这样的想法在你的脑海中闪过时,想象你听到了一阵烦人的叮叮声或嗡嗡声。然后,你看着镜子里的自己,大声说:"我对自己的社交能力很有信心。我会微笑,也会友善待人、问别人问题。我会建立有价值的新关系和新友谊。"

这样一遍又一遍地重复,直到积极的、肯定的想法在你脑海中形成自然的循环。通过这样做,你会在大脑中形成新的神经通路。最终,你基本上进入自动驾驶状态,从内到外创造出你所想象的新现实。正如我说过的,我经常对着镜子自言自语,因为我想成为最佳自我。如果你仍然觉得这么做有点奇怪,那就找另一种方法,做点什么让消极的对话从脑海中消失!我们想找到真正适合你的方法!

自我关怀:心累了更需要休息

生活可能以疯狂的速度前进,就像暴风雨过后汹涌的河流。我们发现自己每天都在忙碌,做完了一件事,又匆忙开始做另一件事,这就是为什么我希望大家把时间花在自我关怀上。当我们被责任压得喘不过气来的时候,我们通常会先把自我关怀抛到一边。但我想提醒你不要这样做,因为自我关怀是过上理想生活的基础。

总结起来,自我关怀就是同情自己。许多人发现同情别人比同情自己更容易,但我相信你越是同情自己,你能给予别人的就越多。如果你的油箱满了,往外溢了,你就能给予别人更多。

有一些实用的方法可以让你更加同情自己,第一个方法是正确管理压力。我会为你提供一些实用的工具和系统，你可以利用它们防止自己压力过大。但首先，让我们来测量一下你目前的压力水平。诚实地回答接下来的 20 个问题，然后我们一起来解读你的得分。用"总是"、"大部分时候"或"很少"回答下面的问题。

1. 你是否觉得自己常常无法满足别人对你的要求？

2. 你在入睡或睡眠方面有问题吗？

3. 你是否发现自己花在朋友、家人和同事身上的时间变少了，你甚至会取消和他们之间的计划或无视他们的来电，因为你觉得那些事情就像是强加给你的"义务"？

4. 你是否觉得自己比以往更努力地工作，却完成得更少？

5. 你害怕做决定吗？

6. 你感到焦虑？你心跳快吗？手心出汗吗？

7. 你觉得神经绷得紧紧的吗？你的肩膀到耳朵周围，以及脖子和背部的肌肉僵硬吗？

8. 你觉得紧张不安吗？

9. 你易受惊吓、无法放松吗？你是否感觉，如果你坐一会，深呼吸，可能就会发生一些不好的事情？

10. 你会因为小事而变得充满敌意和愤怒吗？

11. 当事情出问题时，你会责怪别人吗？

12. 你会批评别人做出的努力吗？

13. 当家庭成员有压力时，你认为自己应该对他们负责吗？

14. 你是否会避免与家人和朋友谈论潜在的压力问题？

15. 你是否会因为"非黑即白"的事情而与爱的人，如配偶或直系亲属发生争吵?

16. 你是否不再经常与家人和朋友分享自己的满足感?

17. 你是否意识到你正在承受压力，而且它正在影响你的生活?

18. 你在身体上是否出现了压力的迹象，比如肌肉紧张和疲劳?

19. 压力过后,你是否没有花时间缓解精神和身体的紧张? 例如，在经历了压力事件后，你是否忽略了自我关怀的活动，比如锻炼、冥想、恢复性睡眠和补水?

20. 你会无缘无故地感到悲伤和沮丧吗?

如果你回答"总是"或"大部分时候"一次以上，那么你目前可能没有一个好的压力管理系统。马上采取措施做出改变很重要，因为如果不做调整，压力只会像滚雪球一样变成更严重的问题。

如果你回答"总是"或"大部分时候"五次以上，那么你就更迫切地需要就生活中的压力管理制定一条策略。你不必这样生活，如果你试着把自我关怀放在首位，并意识到把自己放在首位并不是"自私"，你就能控制住压力。只要你愿意去做，永远不会太迟!

构建你的压力管理系统

我们的目标是建立一个系统，以应对即将到来的压力，而不是创造一个针对过度紧张的解决方案。这是预防和治疗之间的差异。预防压力远比消除压力容易得多。

1. 正念呼吸练习

当一个会带来压力的想法在你脑海中出现，或者当一些通常会打乱你平衡的事情发生时，找到一种方法打断它，比如改变你的呼吸模式。注意你的呼吸，做 3 到 4 次有净化作用的深呼吸，这样你就能阻止压力源掌控你的行为。压力过度的大脑本质上就像一场神经风暴，最有效、最直接的解药就是正念呼吸。

让呼吸练习成为你日常活动的一部分，你做得越多，你的大脑就会变得越平静。即使那些带来压力的事件真的发生了，它也不会成为压垮你、让你发狂的最后一根稻草。只要你的根基是坚强的，生活中的大风就无法吹倒你。

如何练习正念呼吸取决于你。你可以在每天早上留出几分钟时间做呼吸练习，然后中午做一次，睡觉前再做一次。你也可以选择更适合自己的安排。确保每天至少做一次练习，与自己的呼吸相连接，因为这是你压力管理系统的一部分。

2. 身体锻炼

如果你每周锻炼 5 次，每次花 20 到 30 分钟，你的大脑就会发生化学反应，强化你的压力管理基础。在后续章节中，我们将更深入地探讨运动会给大脑和身体其他器官带来的好处。现在你只要知道，运动也是整个自我关怀计划中必不可少的一部分。

不管你是：慢跑，绕着街区快步走，骑自行车，在健身房做有氧运动，举重，或是在客厅里锻炼都很好。做一些你喜欢的、期待的事情，这会让你感觉很棒。但如果你害怕这项活动，你将不会感受到同样的愉悦。

3. 庆祝你的生活

你不需要等到生日那天才庆祝你的生活。我们生活在这个地球上的每一天都是礼物。如果你每天花几分钟时间去体验欢乐和笑声，拥抱你生命中所有美好的东西，你就在告诉你的大脑选择的是快乐而不是压力。感受快乐能疗愈人心，而且它应该来自你的内心。

按照你的喜好，花点时间到大自然中认识它的美丽和复杂，这也是一种庆祝。坐在公园的长椅上，呼吸新鲜空气，研究一下花瓣，或者感受脚下柔软的青草……微笑，让快乐的感觉注入你的身体。为了从内心深处感激你所拥有的一切，花点时间独处，这样你就可以思考你的生活和周围世界的积极面。也可以请你的朋友或家人吃一顿快乐的晚餐……做这些不需要什么特别的原因！

另一种庆祝生活的方式是把你的时间奉献给需要帮助的人。以某种方式把自己奉献给他人，这一直是体验生活乐趣的一种有效途径。放弃这些活动是很容易的，但它们往往能够给我们带来最多的肯定，也可能会成为最鼓舞人心的时刻。

4. 简化你的睡前步骤

医生们经常谈论睡眠卫生，睡眠卫生指的是我们为了获得适当的睡眠而养成的习惯和日程安排，这样我们才能在醒着的时候保持思维敏锐。为了抗压，睡眠是必不可少的。如果你通常睡得很好，那么你就做到了自我关怀清单上最重要的一项。否则，连锁反应可能有害健康。睡眠不足会对认知能力、反应能力，甚至情绪状态产生负面影响。

如果你一直睡眠，你就很难做到最佳自我。这么说有点非黑即白，但我真的鼓励你去弄清楚如何长期获得能够滋养身心的睡眠。

连续 3 个晚上做小实验，算出你需要多少小时的睡眠才能让你第二天感觉最好。第一天晚上，只要你觉得有点困就去睡觉，不要设置闹钟，然后自然醒来。写下你睡了多少个小时，然后记录下你一天的感觉。例如，你是否需要喝很多咖啡或摄入有兴奋功能的食物来保持注意力集中，或者你觉得头脑一天都很清醒？第二天晚上，比前一天早 30 分钟睡觉，然后自然醒来。

写下你睡了多少个小时，以及你一天的精神状态。在最后一个晚上，在你开始感到头昏脑涨的一个小时后睡，并且定好闹钟，比前一天早起 1 个小时。你睡了多少小时，感觉如何？你是否能精确地计算出你需要多少个小时的睡眠才能在第二天保持最佳状态？

有些人说，如果他们的睡眠时间超过 7 个小时，第二天就会感到头昏脑涨、精神恍惚。另一些人说，如果他们的睡眠时间少于 8 个小时，就几乎不能正常工作。找出你的最佳睡眠时长，然后制订一个切实可行的计划。每晚按时上床睡觉，这样你就能适时醒来。花点时间去思考最舒适的睡眠环境是什么样的。

我知道我至少需要 8 个小时的睡眠。要是没休息好我一整天都会打瞌睡，感到更焦虑，注意力更不集中，心情更低落，更没有耐心。从本质上来说，这是因为没有展现出最佳自我。我也曾整天依赖咖啡因作为兴奋剂，然而这会让皮肤状态变差，甚至使我最终崩溃。

我的夜间习惯是：首先要确保在睡前两小时内不吃任何东西，因为食物的消化过程会打乱我的睡眠模式。然后，当我放松下来的时候，我会把狗床放进卧室，玩十分钟的网络拼字游戏，然后回顾当天发生的一些我喜欢的事。我会问我自己是否亏欠任何人，我会对我的每一天感到满足，然后关灯睡觉。

5. 远离科技产品

我们生活在一个痴迷于科技产品的世界里，这削弱了我们管理压力的能力。如果你的手机、平板电脑或电脑整天都在不停地发出丁零零的声音，那么当压力来临，你妥善处理它们的能力就会受到威胁。

原因在于，我们的大脑结构并不适应技术带来的经常性打扰。专注很重要，如果你总是把注意力分散在不同的任务和沟通上，你的大脑就没有机会冷静下来。

每天花点时间让自己与这些科技产品隔绝起来。没有屏幕、没有音效，也没有振动装置，只有你简单地存在着。这是练习正念呼吸的好时机。刚开始可能很难，但很快你就会开始期待没有科技产品的时间，而且你的大脑会感谢你。

6. 好好放松

什么能让你的内心放松下来？你的答案将是独一无二的。重要的是，你要真正理解放松是什么感觉，什么会让你放松下来。有些人只要看一眼按摩床，就已经感觉到自己的心率和血压在下降。还有一些人在游泳或做温热泡泡浴的时候觉得很放松。我遇到过的很多人说，当他们骑自行车或在阳光下散步时，他们感到最放松。对我来说，我在玩电子游戏的时候最放松。

我经常问人们是否会冥想，很多时候他们告诉我，他们不知道怎么冥想，有时他们甚至对冥想的想法感到害怕。冥想仅仅是放松大脑，与你的呼吸相连，感受当下的身体。如果你不确定如何做才能让自己进入放松的状态，我建议你尝试一种带有指导的形象化技巧，这是冥想的一种形式。你可以在手机里下载一些应用程序，然后戴上耳机听，或者试试以下简单的方法：

1. 坐在一个舒适、安静的地方，盯着你面前的某样东西，或看着一样让你感到平静的东西。

2. 尽可能消除你脑海中出现的所有想法，只是看着那样东西。

3. 当你感到心跳平缓时，让视线模糊，然后慢慢闭上眼睛。

4. 想象自己在做一些喜欢的，或者让你感到平静的事情。可以是漫步在白色的沙滩上，轻柔的海浪拍打着你的脚。可以是坐在山顶上，凝视着你身边美丽的景色。也可以是躺在一个挂在宽敞木质门廊的吊床上，面前有一片野花盛开的田野。你应该能想象到温暖心灵、抚慰灵魂的画面。

5. 尽可能地保持静止，在那一刻活在当下。当其他想法试图取代这些画面时，想象你用手背轻轻地把它们赶走。

6. 当你准备好了，慢慢地睁开眼睛，深深地、慢慢地呼吸 3 次，然后大声说出你的咒语。在第 4 章，你创造了你的个人咒语。

不管怎样，你每天都要花时间让自己放松下来，而且每个月要抽出一两次时间，每次一到两个小时，让自己深深地进入那种安静、放松的状态。例如，偶尔我会强迫自己把手机留在家里，然后到大自然中去，海滩、高山或森林。

这种做法可以减轻我的压力，同时也可以防止压力出现时精神崩溃。再次强调，这是为了降低你的压力基准，这样你就不会总是以 8 成的压力工作，而任何小事情都会让你的压力超过 10 成。如果你一直处于 0 ~ 2 成的压力范围内，你就能更好地应对即将到来的挑战。

将热情注入你的生命之河，世界会报之以歌

什么会让你觉得自己进入了生命之河，并以最高频率振动？如果你不确定，或者你很久没问自己这个问题了，那么现在是时候审视自己的内心，重新找回热情了。一旦发现它，你要做的就是找到一种方式来表达它，无论是以爱好、志愿活动的方式，还是以其他你擅长的方式。也许你可以用不同的方式来表达各种各样的热情。

如果你不确定要从哪里开始，那就尝试一些你从未做过的新事物。报名参加舞蹈班，在流浪者收容所或动物收容所做志愿者，买一些艺术用品，试着画一幅画，去当地的剧院看一出戏剧或音乐剧，在上下班途中学习一门新的语言。你能想象到的都可以列入活动列表。想想上一次真正感觉到自己活着时，自己是在做什么，然后定期在你的生活中重新创造这种感觉。

　　我曾经和一位名叫德博拉的女士一起工作过。她住在曼哈顿上东区，继承了一大笔遗产，离了婚，有几个成年的孩子，对生活毫无热情。她几乎从来没有离开过她的公寓，她把所有需要的东西都买回了家。她家里甚至有一个迷你沙龙，她还有女佣、私人买手等。按照她的规划，她日常根本不需要走出家门。因此，和她见面后，我不仅要求她在几个月后首次离开她的公寓，还让她把手机和钱包留在家，只带了一点用于打车的现金，这样她就可以花几小时去探索这个城市。

　　我和她一起进行了第一次远足，举例向她展示如何对周围的人保持好奇，以及如何发现住在曼哈顿的神奇之处。没过多久，她就意识到自己与生活是多么的脱节。起初，这对她来说有点难以承受，但到那天结束时，她又活了过来。她曾暂停了生活，而现在，走进社区，和陌生人交谈，沉浸在各种各样的景象、声音和感觉中，这些简单的举动帮助她重新开始了自己的生活。

　　当我们与周围人断了连接的时候，我们对任何事物都不可能带有热情。德博拉让自己的生活空间变得越来越小，因为缺乏热情而日渐憔悴。如果陷入循环的模式当中，一遍又一遍地做同样的事情，热情就无法茁壮成长。但你有能力改变一些事情，打破你的常规或模式，以新的、令人兴奋的方式与外界建立连接。

　　你将成为一个更全面的人，你与最佳自我的新纽带将以你都无法彻底理解的方式加强。我遇到过一些客户，当他们允许自己去探索热情的所在，他们就会意识到，热情可以帮助他们创造收入。这并不一定是你的首要目标,但如果你能把某件点亮你内心的事物变成一份事业,那将是一件多么令人兴奋的事啊!记住,你可以在生活中拥有许多不同的热情。我有一些员工,他们的工作就是当潜在客户进门时迎接他们。这是一个非常重要的角色,因为这些人给客户留下了对我们公司的第一印象,我总会确保这些人对交流充满热情。

我希望他们每个人都成为 "善于交际的人",我希望他们能挖掘自己对他人的爱,并因此在职业生涯中找到真正的乐趣。你一生中大约有一半的时间在工作,为什么不从事一份让你感到 "活着真好" 的工作?只需要了解一下你的性格和生活中你喜欢做的事情,你就会更加清楚哪种工作能带给你最大的回报。用这种方式让你的工作和个人生活协调一致,你就可能会成为改变游戏规则的那个人。

如果你读到这里就在想:好吧,迈克尔,我马上就去洗一堆衣服、做饭、赚钱和争取睡几个小时,做一些我热爱的事情。那么我鼓励你回到第 3 章看看你的时间表。我希望你在日常生活中有足够的时间,可以在一个月内探索到你对什么事物怀有热情。我和世界上最忙碌的一些人一起工作过,他们会从早上 5 点忙到晚上 10 点。然而,他们每个人都可以为自己的热情腾出时间,你也可以!活出最佳自我意味着你要为自己的热情腾出时间,没有人会后悔花时间追求自己的热情。所以,不要再过没有热情、没有行动的日子,把握好今天!

致感到痛苦的你们

我想和你谈谈深刻的情绪疼痛(emotional pain)。从我在工作中的所见所闻来看，有两种类型的痛苦，即被拒绝的痛苦和失去的痛苦。不论拒绝你的是家人，还是前任伴侣，甚至是你的孩子，这种经历都是非常残酷的。你眼中能够治愈这种痛苦的人还活着，四处活动着，没有你他们似乎也能快乐地生活。

当你所爱的人去世时，你会感受到失去的痛苦。当他们永远离开你的那一刻，你会觉得生活已经支离破碎。不论是预料之中的死亡，还是突然降临的死亡，都会让你深受打击。

我想花点时间谈谈这两种情绪疼痛，因为当你处在人生中比较痛苦的时期时，你会感觉自己是孤独的，而且痛苦好像永远没有尽头。但并非只有你是这样。你感受到的痛苦是会消退的。

有时候我们感到如此痛苦，却不知道该怎么办。我们拼命地想把它收起来，对自己隐藏起来，把它锁在内心深处的某个地方，然后将钥匙扔进大海。也许会有那么一天，你接到一个电话，听见了似乎不可能发生的消息，觉得这样的事情不可能发生在你和你爱的人身上。可有些事情就是天不遂人愿，那时候唯一能做的就是深呼吸，但你甚至会觉得连呼吸都困难。你非常渴望能够按下返回键，回到过去。也可能有一天，你觉得自己听到了整个世界裂成两半的声音，并且毫无疑问地知道，你的生活已经在一瞬间永远地改变了。

我的朋友辛迪非常的情绪化，很多人都觉得她十分感性。她一直仰慕比她大两岁的哥哥韦恩，他是她的保护者。小时候韦恩出去玩的时候都会带上辛迪，带她参加派对，见他的朋友们。每个孩子都会想拥有韦恩这种哥哥。辛迪读高中时候，韦恩每天都会开车送她去上学。辛迪一直不太合群，但和韦恩在一起的时候她觉得很舒服。韦恩知道辛迪在感情上需要什么，在他面前辛迪可以做她自己。当韦恩要上大学的时候，他也没有去一个遥远的地方，仍然会在周末和辛迪见面。韦恩在辛迪心目中的地位很高，能当他的妹妹辛迪觉得好幸运。

然而高三的某一天，辛迪正在上英语课，她突然收到学校的通知，要她马上去行政办公室。她直觉上知道出了什么事，但永远也想象不到接下来校长对她说的话。那天早上，她深爱的哥哥自杀了。当一声原始的、令人毛骨悚然的尖叫从她嘴里发出来时，辛迪已经认不出自己的声音了。她握紧拳头，看着天花板，尖叫道："为什么会这样！"她觉得自己好像不能呼吸了，胸口不由自主地起伏。周围每个人都竭尽所能使她平静下来。

几个月后，辛迪回忆起她当时写的日记。自从韦恩去世后，她内心的情感火焰一直燃烧着。她会设法控制住它，把火焰缩小到蜡烛火苗一般，然后毫无预兆地，火焰又会再次爆发。她写道："这种感觉是如此真实，就好像身体里真的有火焰一样。我坐在桌子旁边，一个非常安全的地方，但我的内外不协调、不一致。当内心被这些情绪灼烧的时候，我怎么还能四处活动，在别人面前表现得像个没事人一样呢？好痛苦，太痛苦了！但是在我心中很深、很深的地方有一份宁静。我有一部分不可动摇、非常平静的内在，它是火焰中心。这个神圣的部分，与其他部分隔离开来，它非常强大。它可能是安静的，却拥有如此强大的力量，而这力量集中在一个微小的地方。"

有时候我们得不到渴望得到的答案。对于自杀，我们也常常无法理解，不知道为什么会这样。尽管如此，辛迪还是能够平静地面对失去哥哥的悲痛。尽管她的生活不再和以前一样了，但她知道她能够继续前进。她也知道哥哥不希望她一直为他的离去而悲伤，他希望她能够继续生活。

痛苦是不可避免的，有时候你会觉得必须屈服于它。这并不意味着你让痛苦占了上风，这只是因为你是人类，这不是输赢的问题。生活是一系列的经历，而痛苦是你生活经历的一部分。

如果你现在感到很痛苦，那就让自己获得一些安慰，接受来自家人、朋友和同事的安慰。如果你更愿意匿名与人交谈，那么我可以为你提供很多资源。你甚至可以和你所在地区的心理健康专家聊一聊，或者打电话给你的医生，寻求治疗师的帮助，做任何能让你感到舒心的事情。无论你感到多么痛苦，总有人能够帮助你。

渴望得到安慰是最佳自我的一个普遍特质，我们想要安慰彼此。尽管此刻你可能觉得很难接受他人的同情、共鸣和关心，但无论如何，你都要这样做。你的灵魂终将得到你抚慰。

你在个人生活中做到最佳自我了吗?
○ Personal Life ○

第 1 部分：给你的个人生活打分，分数范围为 1 ~ 10 分。"1"表示你觉得你的个人生活陷入了困境，需要立即关注这个领域。"10"表示你觉得你的个人生活状态非常好，不需要任何的改善。在给自己打分时，你需要考虑个人生活的这些方面：

◎ 内心对话——每天你在向自己传递什么信息

◎ 自我关怀——你的压力管理系统,如何对待你的身体和心灵

◎ 热情——你的兴趣和娱乐时间

个人生活评分:＿＿＿＿＿(日期)＿＿＿＿＿分

第 2 部分:现在,列出一些对你的个人生活有益的行为,以及它们有益的原因。

例子:

◎ 我正在积极调整我的内心对话,使它变得积极而现实。

◎ 我每天都把自我关怀放在首位。

◎ 我会挤时间做快乐的事情,享受生活。

对我的个人生活有益的行为是:

＿＿＿＿＿＿＿＿＿＿＿＿＿＿＿＿＿＿＿＿＿＿＿＿＿＿＿＿＿＿＿

第 3 部分:你知道哪些行为阻碍了你在个人生活中获得想要的东西吗?

例子:

◎ 我花了太多的时间待在电视机前或做其他我不感兴趣的活动。

◎ 我任由内心对话去不断地强化对自我和能力的消极信念。

对我的个人生活领域有害的行为是：

_____ 为什么？_____

_____ 为什么？_____

_____ 为什么？_____

第 4 部分：基于你刚刚写下的一切，我想让你思考一下你需要做些什么，才能让你的这个生活领域上升到 10 分。

你可以总结你需要继续做的行为，也要总结你需要停止做的行为，另外还要总结你需要开始做的行为。

为了让我的个人生活评分达到 10 分，

我需要继续：_____

我需要停止：_____

我需要开始：_____

你已经更好地了解了你和自己的关系、和自身情绪的关系，并且对你的个人生活领域做了需要的改进，现在我们将进入你的健康领域。如果你的健康不协调，或者你没有优先考虑你的身体健康，那么其他所有的领域绝对会受到影响。让你的最佳自我做到身体健康，这样你就可以充实地过好每一天！

有意识地让你的身体照顾你

让你的直觉成为你的向导，今天就把健康掌握在自己手中。

你的最佳自我希望你尽一切努力维护和促进身体健康。为什么？因为如果你不健康，你就不能在任何一个领域充分展现自己，健康是基石。身体健康的时候，你可能不会想起它。但是身体不健康的时候，它就会支配你生活中的一切。

在这一章，我们的目标是在涉及健康问题时，确保你的行为符合你的最大利益。为了最佳自我，我们需要拥有最好的身体状态，需要时刻关注我们的健康。当身体健康达到最高水平时，我们就可能在这个世界上取得无限的成就。这就是我想传达的观念。

他开始把食物当作武器，用来对付自己

首先，我想和大家分享一个我好朋友的故事。詹姆斯说他从小就是个"胖子"。他每次都会在土豆泥里加很多黄油，黄油融化后会形成一个"小湖泊"，然后他会找妈妈要更多的黄油。每次经过一家快餐店时，他都会尖叫着要吃汉堡包和薯条。他最早的记忆可以追溯到快

上一年级的那个夏天，当时他在百货公司，妈妈站在身边给他买一条特大号牛仔裤，他尴尬而羞愧地低下了头。

很多超重的孩子在学校都会受到侮辱，但詹姆斯从来没有因为他的体型而受到欺负。那是因为他总是能比潜在的侮辱早行动两步。他会坐在午餐桌旁宣布："胖子来了，大家请让开！"幽默是他的盾牌，而且效果很好。他很受欢迎，也很受人爱戴，甚至年复一年地被选为班长。他有一群非常要好的朋友，每到周末家里总是聚满了孩子。他极其活跃，住在东海岸，几乎每天都能去滑雪，他最喜欢滑雪了。

图 I　昏昏欲睡、自我毁灭的史蒂夫

这是詹姆斯对反自我的描述："自我毁灭的史蒂夫"，他对生活中有热情的事情就是躺着，看电视，吃垃圾食品。史蒂夫完全以自我为中心，不关心他人，沉溺于自我惩罚。

大约 13 岁时，詹姆斯发生了一次滑雪事故，膝盖受了重伤。因此，他在生活中更经常久坐不动。从他的饮食习惯你可以想象，他的体重暴增了。当时他的母亲正在戒酒，有一次她让詹姆斯坐下，告诉他，她认为他是一个强迫性进食者（compulsive eater）。母亲在他身上看到了和自己一样的上瘾性格，她一直在努力克服，并且认为詹姆斯越早意识到这一点，他就越不容易上瘾。当然，她的出发点是爱，她只想给儿子最好的东西。但她的做法并没有达到预期的效果，反而让詹姆斯对食物产生了负罪感和羞耻感。

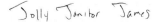

图 Ⅱ　快乐的看门人詹姆斯

这是詹姆斯对最佳自我的描述："快乐的看门人詹姆斯"，他从帮助别人、奉献自己和无私的行为中获得快乐。

然后他开始把食物藏起来，关起门来吃。他会在百吉饼上涂上厚厚的黄油，然后涂上奶油奶酪，这样他就可以一次摄入尽可能多的热量。他的妈妈不再做甜点，因为她非常害怕给家人带来过多的热量，尤其是詹姆斯。詹姆斯会去朋友家，背着她吃六道甜点。他说，最后他开始把食物当作一种武器，用来对付自己。

进入青春期后，他的体重使他更加自卑。朋友想帮助他，于是他们开始一起锻炼。他告诉詹姆斯大学运动员是如何饮食的，这样他就可以在吃饭时做出更健康的选择。詹姆斯很快就减了 60 磅，到了 200 磅左右。这个计划奏效了，但并不持久，于是他又一次转向食物寻求安慰。他没有解决真正问题，他减肥的动机仍然是出于审美。

这种节食再暴食循环往复了数年，当体重达到 406 磅时，他不再称体重了，但他的体重仍在继续增加。在此期间，他曾经通过激进的节食和运动，胆战心惊地将体重一路降到了 175 磅。然后一旦生活中发生事情（例如骨折），他的体重又会反弹，而且一直在刷新纪录。他回忆说，有一天晚上，他站在厨房的水槽边，打开巧克力的包装，一块接着一块，一共吃掉了 8 板巧克力。

20 多年后，詹姆斯对这种危险的循环感到极度厌倦。尽管他在这个过程中学到了很多营养和锻炼方面的知识，但就是找不到一个持久的解决方案。他服用了两种降压药，并被诊断出患有脂肪肝。他浑身关节疼痛，感觉非常糟糕。

这种生活方式对他的健康和幸福造成了巨大的损害，他的生命也因此处于危险之中。他不能参加任何自己曾经喜欢的活动，他回忆起当他试图把腿塞进滑雪靴时，有多么疼，身体到处都很疼，他感到很沮丧。他的妻子很支持他，但也无能为力。詹姆斯必须下定决心彻底控制自己的健康状况。

35 岁时，他知道自己正站在悬崖边上。他怀疑自己是一个失败者，怀疑自己是否足够好，他已经跌到了谷底。最后，他做了一个决定做袖状胃切除手术（gastric sleeve surgery）。

离他做这个手术已经过去一年，情况也发生了变化。目前他的体重已经达到了完全健康的水平。更重要的是，他已经修复了自己与食物间不健康的关系。他现在意识到，反自我主宰他的生活已经有很长一段时间了。一旦让他的最佳自我主导一切，他就觉醒了。

到目前为止，他都是以一种自私自利的心态过日子，为别人做事的唯一动机是为了他自己的利益。他记得有一段时间，打扫屋子的唯一理由是得到妻子的表扬。现在，他乐于为别人做事情，他考虑周到、有耐心、善良，这些都是最佳自我的特质。

至于健康状况，他现在身材棒极了，不过并不是因为他像海豹突击队队员一样痴迷于健身。詹姆斯每周锻炼几天，明智地选择食物。现在他的肝脏是健康的，也停止了所有的药物治疗。医生非常高兴，因为他的血液检查结果完全正常。詹姆斯生动地证明了一种精神：人类能够战胜看似不可能战胜的困难。

我之所以分享詹姆斯的故事，是因为这个例子能够很好地说明，当我们的反自我情绪控制了我们的健康时，会发生什么后果。内心发生的一切会从我们的身体上体现出来，这是不可避免的。首先，用你的大脑创造一个健康（或不健康）的身体。就像詹姆斯一样，你可以做出选择，掌握控制权。你的挑战可能比他的大，也可能没有他的那么大。但无论你的现状如何，你都可以掌控自己的健康状况，并且把它作为生活中优先考虑的事项。

已经有数百万的书籍、文章、博客和其他内容讲述如何达到和保持最佳的健康状态。此外，随着科学家进行的新研究，获得的新发现，医疗信息也在不断更新。在这一章，我不会试图涵盖所有你需要知道的医疗信息，我会有选择地进行阐述。

最重要的是，先评估自己的健康状况，发现一些你可以做出小调整或大改变的地方。这样你才能确保最佳自我掌控你的健康状况。我想帮助你形成这种意识。我们还将关注一些新的、具体的、令人兴奋的与健康相关的词汇和表达，我相信它们可以帮助你进入最好的状态：

◎ 我们的大脑和肠道之间相互连接。

◎ 我把获得营养（nutrition）的正确方法称为"新营养"（newtrition），它会支持你以最佳自我生活。

◎ 锻炼，因为它关系到你的精神、思想和身体。

◎ 选用多种方式预防疾病并保持健康。

本章的所有信息都能对你的生活质量带来直接的、高度有益的影响，并为你提供一个功能性的、有形的框架，使你在所有领域都能成为最佳自我。保持身体健康是一种责任，否则，我们就不能时刻保持强大而清醒的头脑。我知道自己在生活中也遇到过这种情况，当我没有好好照顾自己的身体时，头脑会变得不好使。

所以，让我们来看看如何保持身体健康吧！

在我们进一步讨论之前，我想提醒你一些注意事项。如果你有健康问题，并且知道你需要去解决它，或是需要采取一种新的解决方式，那么我鼓励你今天就开始着手去做。

太多人因为害怕身体出问题而逃避，因为他们担心不确定的结果。不采取行动可能比问题本身更糟糕。所以，放下你的恐惧，积极主动地控制局面，去看医生吧。如果有需要，就找一位专家。获取别人的意见，从不同的角度看待你的问题，采取任何必要的措施。绝不要让健康问题长期存在，这应当是你永远的首要任务。

提高健康的底线，不必等到"最低谷"才行动

现在，我想和你们一起做件事，它叫作"身体扫描"。我们常常没有与身体建立连接，没有花时间去真正观察我们的感觉。

闭上眼睛，感受一下你身体现在的状态。从头顶到脚趾开始检查自己。你觉得肚子胀、颈部紧绷、头痛吗？我们习惯于接受轻度甚至更严重的疼痛，但这种疼痛其实是身体在告诉我们有一个潜在的问题。我们可以把身体当作一栋房子，我们往往会等到房屋结构几近坍塌时，才会去解决根本的问题。

身体扫描的结果

我的头感觉 _____

我的背感觉 _____

我的腿感觉 _____

我的头感觉 _____

我的手感觉 _____

我的胃 / 消化系统感觉 _____

我的呼吸感觉 _____

我整体感觉 _____

健康问题是我们自身的一部分，也是习惯的结果。让我们来盘点一些可能会影响我们健康的行为和习惯，从下面圈出与你情况相符的选项。

含糖饮料	暴饮暴食	吸烟
高盐食品	深夜进食	酗酒
油炸食品	饮水过少	失眠
慢性疼痛	压力过大	加工食品
容易生病	关节疼痛	肌肉疼痛
过敏严重	频繁外出就餐	不做任何锻炼
滥用娱乐性药物	水果、蔬菜摄入不足	
锻炼动作不够规范	做可能导致运动损伤的锻炼项目	

器官疾病（比如冠心病／肺病／呼吸问题／肾或胆囊问题等）

如果你有某种健康问题，但没有出现在列表中，那么请写在这里：

_____

现在回头看看你圈出来的项目，诚实地问自己："我想要改变这种情况吗？"如果回答是肯定的，就把它写进第 13 章，然后围绕它制订一个计划。如果你的回答是否定的，那么写下这种情况需要发展到什么样子你才会着手改变它。换句话说，你的底线是什么？或者，如果你不愿意思考自己想在什么情况下做出改变，那么问问自己为什么会不愿意。也许你处于一种否认的状态？如果你现在不想解决自己的健康问题，那么什么时候你才会想要做出改变？

你已经承诺要对自己充满好奇，对自己诚实、开放、愿意去思考，专注于做出改变，实现最佳自我。这一章不是关于努力保持完美的健康状态，而是关于努力变得更健康。从詹姆斯的故事中我们可以看出，他的状态一直在反复，他只做了表面的改变，而没有触及自己健康问题的根源，这导致了更多的健康问题和痛苦，从而使他的康复之路变得更加艰难。所以，我们想要提高你的底线，你不必等到自己进入"最低谷"才开始采取行动。

与其等到健康状况严重到需要住院治疗或出现其他极端的情况，不如让我们找到一种方法，在你仍然能够真正采取行动并产生效果的时候，把你的底线提高到一个更能接受的水平。

面对健康问题和改变的需要，人们经常会说："我正在努力"。但是当我问他们做出了哪些改变时，他们没有任何计划。他们更愿意想着自己要改变，但不采取相关的行动。我想让你成为最佳自我，你需要做的就是让最佳自我密切关注你的健康问题。和自己进行这样的对话，是因为你很可能在逃避一些事情。如果继续逃避，你会在未来的道路上遭受更多的痛苦，所以面对它吧！

肠道微生物正在喂养你的思想

我公司的医疗主任若热·E. 罗德里格斯（Jorge E. Rodriguez）医生教会了我很多关于大脑、情绪和肠道之间的联系。有多少次当你感到非常焦虑或害怕的时候，你的"胃"会感觉像打了结一样？你的消化系统可以感受到恐惧或焦虑，这是因为肠道和大脑正以有趣的方式连接在一起。

在过去的几年里，出现了一些关于肠道微生物群和大脑之间联系的有趣研究。也许你正在想肠道微生物群（gut microbiome）是什么，那就让我来科普一下，肠道微生物群指的是肠道内的菌群，你的肠道内有数万亿的细菌。现在我们知道这些细菌对于你的整体健康发挥着巨大的作用，这些细菌是我们保持最佳健康状态所必需的。

当细菌数量和分布情况良好时，我们就能保持健康。但如果这种微妙的平衡被打破，你的免疫系统就会受到影响。如果你容易生病或正在生病（即使只是感冒或过敏），得了炎症性疾病（inflammatory diseases）或自身免疫性疾病（autoimmune diseases），那么你首先要做的就是通过益生菌和益生元来改善肠道细菌的平衡。

关于肠道微生物群还有一个更令人难以置信的发现，那就是其中一些细菌有能力影响你的思维。有一类特殊的细菌被称为精神益生菌（psychobiotics），它们在肠道和大脑之间的沟通中扮演着重要的角色。

事实上，在不远的将来，很有可能医生会开出特定的益生菌和益生元制剂，通过调整肠道状况来治疗抑郁和焦虑，而不是用现在常用的选择性血清素再吸收抑制剂（SSRIs）和其他通过大脑或神经系统治疗抑郁和焦虑的多巴胺增强药物。但并不是只有当你患有抑郁症或焦虑症时，你才应该保持精神益生菌的平衡。

任何人的情绪都可能通过平衡这些细菌而得到改善，我们肠道中那些微小的细菌拥有令人震惊的力量。当然，这些肠道微生物并不是导致焦虑、抑郁，甚至阿尔茨海默病的唯一原因，但科学表明它们确实会产生影响。现在了解这方面的知识，我们就会觉得自己对健康有了全新的把握。

《精神益生菌》（*Psychobiotic Revolution*）一书的作者写道："肠道易激综合征和炎症性肠病这样的健康问题与抑郁、焦虑高度相关，但这种联系常常被忽视。治疗潜在的肠胃疾病通常可以解决精神问题，但如果没有接收到来自肠道的明确信号，人们并不总是能得到适当的治疗。如果你因为焦虑或抑郁去看精神科医生，医生很少会问你有没有肠道问题。但随着我们更加了解肠道和大脑之间的联系，这种情况很可能会改变。"

你不需要深入研究这一切背后的科学原理，现在你只需要知道进入肠道的食物和补充剂实际上也在喂养你的思想，并因此影响你的情绪，通常还会导致你做出某种行为。你所吃的东西不仅决定了你是什么样子，而且还会影响你的感觉和行为！心理生物学的研究者已经找出几种可以改善情绪的细菌，这是一个不断发展的研究领域。

好消息是，无糖酸奶、开菲尔饮品①和发酵食品中都含有许多种菌株及"喂养"这些重要细菌的益生菌。所以，让我们来谈谈你目前的饮食，看看你可以在哪些地方做出调整，从而可以稳定你的情绪，理清你的思路，为你提供成为最佳自我需要的所有能量。

"新营养"：如何吃出最佳身体机能？

关于营养和饮食有着无穷无尽的信息，我的目标是尽可能地为你简化饮食结构。几乎每天都会有一些矛盾的信息出现，告诉我们什么该吃，什么不该吃，应该什么时候吃，吃多少。因此，就像你重新审

---

① 添加含有乳酸菌和酵母菌的开菲尔粒发酵剂，经发酵酿制而成的酒精发酵乳饮料。

视自己生活中的七个领域一样，为了活出最佳自我，我希望你愿意重新审视关于饮食和营养的观念。

我把它叫作"新营养"是因为，你要用一种新的、更简单的方法来做这件事。你会认为食物是最佳自我的燃料。吃每顿饭的时候，你都在做选择。你选择为最佳自我还是反自我提供能量？

我给你一条重要的建议：你吃进身体的东西直接关系到你的感受和行为表现。

如果你的饮食中有大量的高糖加工食品，你就会感到懒散、疲倦、情绪低落，与日常活动脱节。听起来是不是很像你的反自我？原因是加工过的食品往往含有化学添加剂，你的身体无法像消化天然食品那样轻松地消化这些化合物，而且精制糖会导致血糖大幅飙升。血糖飙升会导致你的身体释放胰岛素，这是一种储存脂肪的激素，会让你感到疲劳或倦怠。

当你摄入高度加工的食物或饮料时，你的身体就像坐过山车一样。如果你优先选择营养丰富的天然食物，你在各方面都会表现得更好。你会保持机敏、活跃、内外连接和平衡。

这些食物之所以能帮助你成为最佳自我，是因为它们为你的细胞提供所需的能量和水分，而不添加任何额外的东西。你的身体消化吸收这些食物的速度也比较慢，所以你不会一直觉得饿。

为了帮助你更好地理解，应该吃哪类食物才能与最佳自我保持一致，让我们从最基本的开始。营养的存在形式有三种：碳水化合物、脂肪和蛋白质。为了保持健康，你需要更细致地了解这三种营养成分，以及其他能助你获取"新营养"的活动。

碳水化合物

碳水化合物是食物中的一种化合物，它为你的身体快速补充能量，糖、淀粉和纤维素都是碳水化合物。我知道许多减肥理论会说所有的碳水化合物都有害，但这不是真的。你的身体需要碳水化合物，因为它们可以被转化为能量，然后你才有精力从事日常活动。所以如果你试图把碳水化合物戒掉，那么你不会感觉良好，也无法长期保持良好的身体机能。

像白面包、意大利面、甜点这样的加工食品，还有像薯片、椒盐脆饼干、爆米花、糖果这样的包装食品，以及任何非天然的食物，都会让你变得迟缓，尤其是当我们年龄更大的时候。虽然它们很好吃，但我们的身体并不需要这些食物。

饮料也是一样，你的身体不需要富含糖分或加了人工甜味剂的饮料。只要喝水我们的身体就能充分运作，不过你可以选择往水里加入果汁来改变它的味道。另一方面，健康、营养丰富的碳水化合物有助于为你的大脑提供能量。淀粉类蔬菜、水果、全谷物、坚果、植物种子和豆类都是碳水化合物的绝佳选择。

在之前的章节中我和你们分享过，当我还是个孩子的时候，我在学校里过得很艰难。回想过去，我认为部分原因是我总是感到筋疲力尽。我记得我会比班上其他孩子感觉更累，更容易昏昏欲睡。当时我并不知道是甜甜圈和快餐对我产生了影响。

我的饮食妨碍了我成为最佳自我。我的脑袋一直昏昏沉沉的，无法集中注意力，而且总是打哈欠。那些单一碳水化合物①对我没有任何好处，对你也没有好处，所以你要比那时候的我做出更好的选择！

脂肪

你可能仍然固守着老派的想法，认为低脂饮食意味着体内的脂肪会减少，事实证明这种说法是不准确的。近期的研究发现，脂肪并不是敌人，而且其实我们多年来信奉的低脂饮食可能弊大于利。脂肪对激素调节至关重要，因为脂肪为激素提供了它们发挥作用所需的营养。当激素得不到它们所需的适当能量时，一系列的健康问题就会发生，如疲劳、头脑不清醒、脱发、女性月经周期失调、维生素缺乏和皮肤干燥。记住，你的身体和大脑需要脂肪才能正常运作！

关键在于你摄入的是哪种脂肪。高度加工的脂肪，如植物油、棉籽油、菜籽油、起酥油，会导致全身炎症、记忆力衰退和体重增加。你看到共同点了吗？加工食品不会帮助你成为最佳自我！摄入健康的、自然存在的饱和或不饱和脂肪，如鳄梨、牧场饲养的鸡蛋和橄榄油，会让你感到满足，让你保持专注、敏锐，心情也会变得更好。

蛋白质

蛋白质由氨基酸组成，对维持你的器官、激素和组织功能至关重要。蛋白质构成我们的肌肉和细胞，包括大脑和心肌，所以它在保持身体最佳状态方面发挥着重要作用。

---

① 单一碳水化合物比复合碳水化合物更易被身体吸收，主要存在于精制糖类，包括蔗糖、蜜糖、糖果及奶制品等。

在草饲的、有机的鸡蛋和肉，还有豆类、蔬菜和坚果中有最佳形式的蛋白质。现在所有大型零售店都有这些食物，这些不再是奢侈品了！如果你选择在奶昔中添加蛋白质粉，我强烈建议你选择一个不含任何添加剂的品牌。你选择的蛋白质粉应该完全由有机蛋白质来源制成，不添加任何甜味剂。

其他有助于你成为最佳自我的食物

为了保持肠道微生物群的健康，摄入一些发酵食品是个好主意，比如康普茶（kombucha），或者在你的饮食中加入德国泡菜。这些食物和饮料含有大量的益生菌，有助于减少身体炎症，缓解腹胀，促进消化和减轻体重。我还建议你每天服用一种优质的益生菌补充剂。每天喝一份不加糖的酸奶或开菲尔饮品也是个不错的主意，因为它们含有许多有益的细菌，有助于平衡你的情绪。

最后，纤维素也是保持肠道健康的一个重要因素，但要确保它来自天然食品，而不是非处方的纤维混合物。这是因为你的身体可以从高纤维食物中吸收更多的营养，比如蓝莓、各种豆类和蔬菜。所以你需要坚持吃这些食物。

纤维素有助于身体更慢地吸收糖分，它可以帮助你保持健康的体重。高纤维食物也有助于清理结肠，从而降低患某些癌症的风险。你知道人们常说，一日一苹果，医生远离我。是否要这样做还有待商榷，但是每天吃一个有机苹果从来都不是一个坏主意。

间歇性禁食

虽然"新营养"是关于吃营养丰富、未经加工的天然食物，但它也和什么时候吃，什么时候不吃有关。有很多新的科学研究表明，禁食或间歇性进食可以引起一种叫作"自噬"（autophagy）的反应，即身体消耗自身组织，通过回收细胞内产生的废物，创造有助于细胞再生的新物质。最令人兴奋的发现之一是，自噬会促进新大脑和神经细胞的生长，从而改善认知功能。甚至有研究发现它能改善你的情绪。

如果你觉得禁食的想法听起来很可怕，那么想一下你每天晚上睡觉的时候就已经禁食好几个小时了，因此早餐是 breakfast，即打破禁食[①]。如果你每天晚上 8 点吃完晚饭后就不吃东西，然后第二天早上 10 点再开始吃，那就相当于禁食了 14 个小时。禁食让你的身体集中精力清理自身的细胞，而不是消化食物。

此外，它还能防止你在深夜进食打乱你的睡眠模式，导致体重增加。当你吃的是营养丰富的天然食物时，你会惊奇地发现你的身体是如何适应和利用这些资源的。

最好的运动就是你会做的运动

有更多的研究表明，每天锻炼对大脑和精神，甚至整个身体都有积极的作用。不要多想，最好的运动就是你会做的运动。找一些你喜欢的运动，它们会让你的心率变高，让你出汗。在开始一个新的健身

---

① fast 有禁食的意思，把 breakfast 拆开，就是 break fast，打破禁食。

计划之前要和你的医生谈谈，尤其是如果你之前有健康问题的话。然后每天做，或者尽可能经常做这项运动！

我喜欢去健身房，那是我经常迸发灵感的地方。因为我的大脑正在被富含氧气的血液滋养。你可能会发现，当你感到害怕，或者感到阻碍时，做一些锻炼会让你重新进入"启动"模式。

如果你的工作要求你长时间坐着，你可能会感到疼痛，或者臀部、腰背部发紧。我强烈建议你每天做十分钟的动态拉伸，比如平板支撑、触碰脚趾、髋关节铰链和在椅子旁边下蹲，都能有效缓解这种疼痛。上网输入这些练习的名称，你就可以观看每种动作的示范视频。

如果你想知道如何在锻炼时获得最好的效果，我会建议你进行高强度间歇训练（high-intensity interval training，HIIT）和高强度阻力训练（high-intensity resistance training，HIRT）。这些锻炼项目已经成为当今运动界的黄金标准，你可以把它们应用到各种各样的运动中，跑步、骑车、游泳、阻力带、举重等。

锻炼是最佳自我的重要组成部分，我鼓励你找到一种方法将它融入你的日常生活。在第 13 章中，你将更细致地观察自己是如何分配时间的，到时候考虑一下如何把有规律的锻炼加入你的日程。

做自己健康的头号拥护者

你目前在预防疾病方面做了些什么？换句话说，你采取了哪些措施来保持健康，并在潜在问题变成真正问题之前意识到它们的存在？

在个人生活这一章，我们探讨了先照顾好自己并不是自私。这个概念百分百适用于你的健康。但很多人仍然有一个错误的观念，他们认为，除非得到医生的指导，否则他们不必解决自己的健康问题。但是医生并不知道你生活的全部，只有你自己知道！

听从你的直觉，如果你认为身体出现的问题比医生发现的更多，一定要采取一切可行的办法寻求其他医生的意见、观点或治疗方法。如果你想完全避免去看医生，把健康掌握在自己手中，那么就尽可能把你的健康放在首位，积极主动地维护它。

当涉及健康问题时，你需要做自己的拥护者。在当今世界，有许多可供选择的预防疾病和保健方法。重要的是你要自己做研究，而不是只求助于你在网上找到的医生。确保你见的医生都拥有正规的许可和资质证书，在进行任何实际治疗之前，一定要先咨询。

如果你的好奇心被激起，想要更深入地探索掌控健康的方法，你可能会想要研究一种叫作"生物黑客"（biohacking）的趋势。有很多播客和书籍都有这个主题，但基本的概念是寻找捷径或"技巧"来提高我们身体的生产力和表现。现在，有些人认为自己是专业的生物黑客，他们本质上就像人类的小白鼠，测试新产品、补充剂、食谱等。

生物黑客可以带你深入了解各种不同的增强大脑功能的方法，比如佩戴能够对抗蓝光所致疲劳感的眼镜，用中链三酸甘油酯（MCT）油让头脑清醒，用振动板给身体排毒，进入"剥夺感觉"的大箱子等！不过，我强烈建议你们不要自己去做这些有潜在危险的事情。

在前一章中，我们一致认为，在最佳自我的旅程中保持开放的心态是必不可少的。当涉及你的健康时，这个世界上有很多选择，如果你做足功课，你就可以找到适合你的，让你感觉很棒的方法。

你在健康领域中做到最佳自我了吗?

———— ◦ Health ◦ ————

现在是时候决定你想在身体健康领域实现什么目标了。这些问题会帮助你得出答案。

第 1 部分:给你的身体健康打分,分数范围为 1 ~ 10 分。"1"表示你觉得需要立即关注健康领域,因为你正面临着健康方面的挑战。"10"表示你觉得自己已经在保持整体健康方面做得非常好,不需要任何改善。在给自己打分时,你需要考虑健康领域的这些方面:

◎ 你的身体感觉如何?

◎ 你需要改变哪些对你的健康有负面影响的行为?

◎ 你的身体如何帮助你与最佳自我保持一致?

身体健康评分:＿＿＿＿＿＿(日期)＿＿＿＿＿＿分

第 2 部分:对你的健康有益的行为是什么,为什么?

例子:

◎ 我经常以一种感觉对身体有益的方式锻炼。

◎ 我知道,我吃的食物可以帮助我保持身体健康。

◎ 我定期去检查身体。

能够帮助我维持、保护和促进健康的行为有:

＿＿＿＿＿＿＿＿＿＿＿＿＿＿＿＿＿为什么?＿＿＿＿＿＿＿

_____ 为什么？ _____

_____ 为什么？ _____

第 3 部分：对你的健康有害的行为是什么，为什么？

例子：

◎ 我正在滥用一些对我健康有害的东西。

◎ 由于害怕或否认，我忽视了身体健康的某些方面。

◎ 我逃避锻炼，是因为我觉得要达到某种健康水平，还有很

　长的路要走。

对我的健康有害的行为有：

_____ 为什么？ _____

_____ 为什么？ _____

_____ 为什么？ _____

第 4 部分：基于你刚刚写下的一切，我想让你思考一下你需要做

些什么，才能让你生活的这个领域的评分上升到 10 分。

　　你可以总结你需要继续做的行为，也要总结你需要停止做的行为，

另外还要总结你需要开始做的行为。

　　为了让我的身体健康达到 10 分，

　　我需要继续：_____

　　我需要停止：_____

我需要开始：_____

　　我希望你能对自己的健康感到自信，并且明白如果你感觉不太好，有很多方法可以让你的感觉变得更好。让你的直觉成为你的向导，今天就把健康掌握在自己手中。

　　下一步，我希望你和自己做一个约定，诚实面对自己的行为，因为我们所做、所吃、所想和感受到的一切都会立即对我们的身体健康产生直接的影响，从而影响寿命。稍后，当我们谈到制定具体的目标以改善每个领域的状况时，至少要包含一个健康目标。狄巴克·乔布拉 [①]（Deepak Chopra）说："如果你有意识地让你的身体照顾你，它将成为你最棒的盟友和可以信任的伙伴。"

　　接下来，我们将探讨您的学习领域。我很兴奋，可以向你们展示如何保持终身学习的模式。知识就是力量，知识帮助我们避免停滞不前，持续取得进步。

[①] 被誉为当代最具原创力及最有深度的思想家之一，是主张身心调和、心灵意志主导一切的医学博士。

终身学习意味着终身去追求你的热爱

教育中一个非常重要的部分就是更加了解自己，自我觉察是关键。

我坐在教室里靠后的位置，准备好了笔记本和笔，尽我最大的努力跟上老师说的话。我拼命地写下每一个字，但几分钟后，我的注意力转移了，开始画卡通人物的脸。我眯起眼睛，摇了摇头对自己说："听着，加油，你能做到的！"然后，老师宣布要进行一场突击测验。

当我低头盯着试卷上的问题时，我觉得自己的喉咙快要哽住了，我一个答案也不知道。尽管这完全不符合我的性格，但偷看旁边同学答案的想法还是从我的脑海中闪过了。我很绝望。每个人都知道，如果你考试不及格，你的假期就泡汤了。

下课铃一响，我就走出教室，我没法告诉你英语老师刚刚教的那节课的任何一个细节。但我唯一能肯定的是，那次测验我不及格！

"我做错了什么？"我问自己。我在储物柜里换书，发现下一节课是历史课，我却把历史书忘在家里了。我甚至为历史书做了一个特别的封面，封面上全是地图。

站在学校的走廊上，我觉得我想放弃了。我总是落后一步，不论多么努力，我就是无法在学业上拥有竞争力。上学对我来说是一种折磨。我也不知道为什么我必须学习那些课程。我要如何在现实生活中运用这些知识呢？即使现在我也在想，究竟为什么要花时间学习手写体或代数。

上学期间，我的社交圈和篮球运动支撑着学习生活中缺失的大部分自尊，我喜欢这种友情和团队合作。现在回想起来，我发现我在团队中的表现总是很好。当我们在课堂上进行小组作业或报告时，我也总是做得很好。但独自一人时，我会陷入困境。

通常我都知道成绩单会在什么时候寄到，所以我会尽量早点回家，好提前拿走成绩单。那天我回去得太迟了。进门的时候，我就已经听到哥哥姐姐正在和爸爸妈妈一起庆祝他们的全优成绩单。我转过拐角进了厨房，就像唱片戛然而止那样，屋子里突然安静了下来，所有人的目光突然都集中在我身上。柜子上放着一个没有拆开的信封，上面正中间写着我的名字。

我竭尽全力分散大家的注意力，对他们说："晚餐吃什么？"我失败了，妈妈拿起那个预示着不祥的信封递给了我。

当然，我知道我会再次让她和父亲失望，但我还是撕开了信封。呈现在我面前的是两个 B，两个 C，还有一个 D。我耸了耸肩，把成绩单放在柜子上，悄悄地溜回了我的房间。

那天晚上，父母让我坐下来和他们认真地谈一谈。我不是第一次和他们进行这种交谈了。我准备好可能会产生罪恶感，会得到如何提高成绩的建议，也许他们会再次为我雇一位家庭教师。但这次谈话却不一样，而且并不是什么好事。

"迈克尔，我们认为重上一次初二对你来说是最好的选择。"我的父母继续阐述他们的理由，重上初二能让我在高中打篮球时占有优势。但我知道真相是什么：我跟不上课业。我的父母要把我留在初中。我所有的朋友都要开始他们的高中生涯了，而我却要和一群更小的孩子待在一起。我将上着和我今年上过的同样悲惨的课程，重复着 24 小时的痛苦循环。这种事不可能发生在我身上！我点了点头，眼睛盯着我的脚，什么话也说不出，就上床睡觉了。

父母选择让我就读圣约翰浸礼会天主教学校，希望相比在公立学校时，我能得到老师更多的关注。但这只会让我更加困惑，因为除了熟悉新环境，我还得在天主教信仰中摸索前进。刚入学时，我发现这里的一切都和公立学校不一样，我们都穿制服。谢天谢地，我不用再去那家大码服装店买东西。需要学习的东西堆积成山，但我确实在篮球队取得了一些成绩，我的课业成绩也有了提高。

后来，我继续入读梅特德伊高中，这是密西西比州西部地区最大的天主教学校，有五千多名学生。梅特德伊高中以运动出名。我是我们班年龄最大的高一新生，在那里的 4 年间，我拥有很棒的社交生活。我担任了篮球队的队长，我们篮球队在全国高中篮球队的排名跻身前25 名，所以球场上的压力很大。

尽管拥有来自普林斯顿培训机构①（Princeton Review）导师的指导，我也尽可能地严于律己，但我的成绩仍然很差，高考（特指美国高考，SAT）成绩也很差。幸运的是，由于我的篮球技术不错，我可以作为篮球队的临时队员去布朗克斯的福特汉姆大学读书。我在大学里感觉非常不自在。我最终选择了退学，决定去接受心理治疗。

---

① 普林斯顿培训公司：是一家位于纽约的考试培训和教育服务公司。

在康复之后，我进入了明尼苏达州的大都会州立大学。我在心理学课程、咨询课程中活了过来，我终于能把真实自我和我的学习联系起来，专注于我真正想学的东西。我几乎一夜之间就成了一名全优学生，这感觉棒极了！当你改写自己的故事，当你追求你爱的东西时，不可思议的事情就会发生。奇迹就会成真。

当我在大都会州立大学读本科时，我在两个不同的治疗机构实习，并在另外两个机构工作。我们致力于帮助人们远离毒品和酒精，在实习期间，我学到了很多。我开始明白，我有动力去帮助每一个努力改善生活的人。当我意识到这一点时，我开始阅读、阅读、更多地阅读。当你对自己的生活感到满意时，你不会滥用药物和酒精。如果我能帮助人们发现幸福，其余的事情就会迎刃而解。

正如我所分享的，我最终开办了塑造中心，这个机构专心致力于让人们过上自己想要的生活，以此作为一种治疗上瘾和其他精神健康障碍的方法。

我和你们分享我自己的教育经历是因为，一旦你发现了自己感兴趣的领域，你就会热爱学习。我不是说你的经历会和我一样，你会拥有属于自己的经历。教育帮助我们蜕变、成长、变得更好。

即使你从来都不喜欢上学，即使你认为自己的学习能力和别人有差异，或者你认为自己不喜欢接收新信息的过程，你的最佳自我也是渴望知识的。你的任务就是找出你深层的兴趣所在。是什么满足了你对知识的独特渴望，更重要的是，什么是你学习的最佳方法？我们将在这个章节一起探讨这些问题，让我们开始吧！

阻止你学习的唯一一件事就是你的借口

第 1 部分：你想学习什么？

现在，我想让你写下 3 件你想要学习的事情，或者你一直说将来某一天想要学习的事情。可以是任何你曾经感兴趣的事情。深入自己的内心，找一件这样的事情。你的最佳自我对什么事情感兴趣？

如果你一直想学会说另一种语言，那就把它列在清单上。也许你想知道上陶艺课会不会是一种创造性地表达自己的有趣方式，那也把它添加到清单上。也许你一直梦想着拿到摩托车驾驶执照，但从来没有付诸行动。也许你看过一部关于某个话题、人物或某个历史时期的纪录片，它真的让你着迷。那么把它当作一条线索，通过研究书籍、播客等了解更多关于这个主题的信息。

只要听起来能引起你的兴趣，能给你带来一项新技能或一组信息，你就应该把这件事情列在清单上。

我想学习……

1. _____

2. _____

3. _____

第 2 部分：你为什么不学习这些东西？

现在，你为什么不花时间学习新东西呢？也许你觉得自己年龄太大了，学不会一门新语言。也许你认为你在生活里挤不出时间，或者你觉得自己不够聪明，掌握不了新信息。

你为什么不想学习在第 1 部分写下的事情，在这里写下你的原因：

1. _____

2. _____

3. _____

第 3 部分：你的理由是合理的或真实的吗？

让我们来测试一下你的推理能力，审视一下你列出的目前没有花时间学习感兴趣领域的原因，并检查一下这些原因是否真实。

如果你的原因之一是你年龄太大了，学不会新东西，那么问问自己，有没有年龄和你一样或比你更大的人学会一项新技能。这个问题的答案是肯定的，当然有！想想来自肯尼亚乡村地区的助产士普丽西拉·西缇内（Priscilla Sitienei）。她在成长过程中没有受过教育，因此不知道如何读或写。但她想要记录一些家族历史，传递给后代，所以她开始和她的 6 个曾曾孙子女一起上学，而且是在 94 岁的时候！

如果你列出的原因之一是你挤不出时间学习这些东西，那么每周腾出 30 分钟时间来学习你的新技能。如果你能腾出半个小时，那么你的理由就不真实，你可以在"不合理"上面画圈。

重新写出你没有学习感兴趣领域的更多原因，然后在每个原因后面圈出"合理"或"不合理"：

1. _____　合理 / 不合理

2. _____　合理 / 不合理

3. _____　合理 / 不合理

第 4 部分：致力于终身学习

如果你允许的话，这个练习可以很有启发性。关键是你要意识到，阻止你学习的唯一一件事就是你的借口。

记住，你不需要加入一个正式的班级，才能继续接受教育。这个世界上的学习途径有无数种。如果你喜欢课程的结构，那么你可以按照自己的节奏上网课。或者，如果你想要过程更休闲，你可以听播客，在线看视频，阅读书籍或文章。或者，也许你认识某方面的专家，那么你可以请他们帮助你学习更多这方面的知识或技能。

有很多研究支持这样的观点，即寻找新信息、培养新技能，定期以新方法使用大脑是保持大脑长期健康的最佳方式之一。它可以延缓衰老，降低患痴呆的风险，让你的大脑在现在以及未来都保持灵活和清醒。用脑越多，大脑的功能就越强大。

找到心中所爱的事情，不要犹豫，去实现它

现在你对最佳自我想要学习的内容已经有了全新的认识，是时候问问自己，你是否正在学习你在任何层面上都不感兴趣的东西。

多年来，我与许多客户合作过。有些人上大学并主修某一专业是因为父母的要求，有些人甚至是在别人的敦促下考了法学院或研究生，或者是因为他们认为需要拥有一份符合别人期望的事业。

我可以直接告诉你，有时候我们会在脑海中形成这样的想法：为了追求自己喜欢的东西，我们需要获得更高的学位。但如果进修的道路不适合你，通常还会有另一种方式。当我决定要创办一个治疗机构，

专门帮助人们过上自己想要的生活，同时治疗上瘾和精神疾病时，我认为我下一步需要做的是获得社会工作硕士学位。我花了几百个小时调查和拜访最好的学校，然后我开始为研究生入学考试（GRE）做准备。

我昼夜不停地学习，全身心地投入研究生入学考试的准备中。不管遇到什么困难，我都要把它考好。考试的那天到来了。我在公寓里，外面是狂风暴雪。我钻进汽车，发现汽车发动不起来了。

我坐在驾驶座上，非常地无助。无法参加准备了这么久的考试，我的内心深受打击。似乎整个世界都在告诉我停下来，读研不适合我。就在那时，坐在车子里，我决定要找一条不同的路来实现目标。

尽管我不知道如何去做，但在内心深处，我知道我要做的事情与心理健康领域的其他人所做的事情截然不同，我要用我心目中最好的方式去帮助别人。我就是这么做的！我质疑现状，质疑其他人的做法，然后开辟了自己的道路。在这段旅途中，父母一直为我找到了自己的定位，找到了生活中的热情而激动不已，为我感到自豪。

　　我还想和你们分享一个例子，最近我遇到一个人，他的营销事业并不令他感到满意，所以他决定在 35 岁左右的时候去读法学院。这对他来说是一种折磨，他一点也不享受这个过程。尽管如此，他还是坚持了下来，同时也尽可能挤出时间打沙滩排球，在海里游泳。这是他深爱的，也是让他感到真正有活力的两件事。他年轻时做过初级救生员，他总是认为那段日子是一生中最美好的时光。

　　从法学院毕业后，他立即加入了洛杉矶的一家颇有名气的律师事务所。在做了不到一年的律师之后，他意识到自己在浪费宝贵的时间做一些并不热爱的事情。这违背了最佳自我的基本要素。所以他辞职了。然后他开始训练成为一名救生员。现在他每天都在做自己热爱的事情，他从来没有后悔过。

我知道他会告诉你，从他的经历中学到的最大教训就是不要像他这样等那么久。如果你在学习某一专业的时候感到不快乐，那就改变一下。我指的不是在一门困难的课程或一位严厉教授的压力下感到崩溃，我指的是你内心深处的一种感觉：你没有与学习的内容建立连接，或者你一点也不关心自己学习的内容。这些迹象表明，它与你的最佳自我不一致，而且这个问题永远也不会自行消失。

如果你目前正在上学，或者花了很多时间学习某方面的知识，却没有感到满足。有没有其他方法可以实现你的最终目标，而你还没有考虑过？试着用多种方法来学习，这样你就能看到新的可能性。

你在教育领域中做到最佳自我了吗？
—— ◦ Education ◦ ——

教育是你进化为最佳自我的推动力，而教育中一个非常重要的部分就是更加了解自己，自我觉察是关键。通过保持好奇，你总能找到更多前进的动力。你还会发现某些可能导致反自我介入的触发因素，当你发现之后，你就能拥有这些触发因素的控制权。

现在，问问自己这三个问题，这样你就能继续了解你是谁，以及你想成为什么样的人：

◎ 在过去的一年里你有什么变化?

◎ 今天你选择如何改变?

◎ 你想在一年后发展成什么样子?

如果你要给一屋子 15 岁的学生上一门叫作"生活"的课程,而且学生们非常有动力去学习,那么你会教他们什么?

_____

这项练习目的在于让你发现自己对生活持有的基本信念,这些信念会随着时间的推移而改变。在你做这本书中的练习过程中,它们可能已经改变了。这是关于你自己的故事。

第 1 部分:给你的教育生活打分,分数范围为 1～10 分。"1"表示你需要优先考虑这个领域,并且立即给予关注。"10"表示你觉得自己已经在教育领域做得非常好,不需要任何改善。在给自己打分时,你需要考虑教育领域的这些方面:

◎ 你在学习方面做出的改变符合最佳自我的利益。

◎ 每天你都对自己有更多的了解吗?

◎ 每天晚上睡觉的时候你是不是都觉得自己比当天早上醒来的时候懂得更多?

教育评分:_____(日期)_____分

第 2 部分：现在，列出一些对你的教育生活有益的行为，以及它们有益的原因。

例子：

◎ 我督促自己学习很多东西，同时保持生活的平衡。

◎ 我对我每天学习的东西充满热情。

对我的教育生活有益的行为是：

_____ 为什么？ _____

_____ 为什么？ _____

_____ 为什么？ _____

第 3 部分：阻碍你在教育生活中获得自己想要的东西的行为是什么？

例子：

◎ 我整个星期都在工作，我只是想在周末的时候不动脑子！

◎ 我不信任新信息。

◎ 我会看新闻，我认为这是一种学习，但实际上，它只是分散
  了我的注意力。

对我的教育生活有害的行为有：

_____ 为什么？ _____

_____ 为什么？ _____

_____ 为什么? _____

第 4 部分: 基于你刚刚写下的一切, 我想让你思考一下你需要做些什么, 才能让生活的这个领域上升到 10 分。

你可以总结你需要继续做的行为, 因为它们对你有用, 也要总结你需要停止做的行为, 因为它们阻碍着你获得想要的东西, 另外还要总结你需要开始做的行为。

为了让我的教育生活达到 10 分,

我需要继续: _____

我需要停止: _____

我需要开始: _____

我相信, 如果你每天都以开放的心态、好奇的精神、诚实的态度去生活, 并且愿意在需要的时候采取行动, 极其专注于手头的任务, 那么你的大脑就会成为学习重要新信息的沃土。这些都是你的最佳自我继续进化和成长所需要的元素。令人难以置信的是, 它每一天都会为你带来提高自己以及改善你周围人生活的新机会, 确保你总是处于"学习模式"。

继续前进, 我们将研究的下一个领域是你的人际关系。在你所有的家人、朋友和恋人的亲密关系中, 你的真实自我会浮出水面。你完全有可能在所有人面前活出最佳自我!

第 9 章 Relationships

人际关系是我们灵魂的中心

原生家庭是复原力的来源，亲密关系是爱自己的延伸，育儿则是价值观的传承。

如果每个人在任何时候都做最佳自我，那么一段关系中的大部分互动都将是相对平稳的。有时候情况会不一样吗？这是自然的。当人们进入新的人生阶段时，他们会蜕变。有时候会远离某些人吗？肯定会的。这些都是正常的、意料之中的事情。但是两个人之间没必要长期不和，甚至互相带来不好的影响。你不需要"复杂的"人际关系。

棘手的是，你无法控制其他人在与你互动时是否表现出了最佳自我，你唯一能控制的人就是你自己。所以在这一章中，我们将探讨如何掌控真实自我，以及当你周围的人没有表现出他们真实的一面时，你能做些什么。

人际关系有时会失去平衡，但有了我为你提供的一些工具，你可以积极主动地发挥自己的一分力量，让它们恢复平衡。

在一段不健康的关系中，你的最佳自我永远不会希望你做一个受气包，所以有时候你可能需要做出艰难的决定，与某人分道扬镳。我们将介绍一些方法，帮助你在问题关系发展之前就设法加以改善。

我将这一章分成了三个主题：你的价值观、家庭关系和亲密关系。

然而，这一章的核心是关于你自己，以及如何在与他人的每一段关系中与最佳自我保持连接的。

每一段关系都从我们的价值观中汲取能量

为了好好审视你生活中的所有人际关系，我们需要先回答这个关键的问题：你的核心价值观是什么？ 当我们与他人的价值观不一致时，人际关系就常常会出现矛盾。

价值观是生活中非常重要的行为准则或标准。这是你的个人准则，你衡量是非的标准。让你的价值观与最佳自我保持一致，这样能帮助你在生活中和人际关系中做出更好的决定。

你可能已经对自己的价值观有了基本的了解，或者你可能从来没有好好思考过自己的价值观是什么样的。你的原生家庭①拥有一套价值观，你可能吸收了其中的一些，放弃了另外一些。你会发现价值观并不都是积极的。其中很多都有消极的含义。有时候人们确实很容易沉溺于这种消极的感觉。我们希望，读到这里你只拥有包含了积极情感或特质的价值观。

价值观练习第 1 部分：

下面列出了一些核心价值观。圈出与自己价值观相符的词汇。

现在你已经圈出了所有与你相符的价值观，也可以添加没有列出的价值观，按照从最重要到最不重要的顺序，列出前 7 条价值观。

---

① 指儿女还未成婚，仍与父母生活在一起的家庭。

真实	诚实	自尊	后悔
成就	幽默	服务	焦虑
冒险	影响	灵性	没兴趣
权威	内心和谐	稳定性	耻辱
独立自主	公正	成功	拒绝
平衡	仁慈	地位	怨恨
美丽	知识	可信赖	尴尬
大胆	领导力	财富	嫉妒
同情	学习	智慧	顺从
挑战	爱	热情	谴责
公民权	忠诚	自我调节	失败
社群	有意义的工作	聪明	评判
能力	开放	团队合作	严格
贡献	积极	谦逊	批评
创造力	平和	洞察力	害怕
好奇心	愉快	社会	无精打采
决心	平衡	智能	悲伤
公平	流行	谨慎	愤世嫉俗
信念	认可	有鉴赏力	挫折
名声	宗教	原谅	孤独
友谊	名声	坚持不懈	自我怀疑
乐趣	尊重	生气	沮丧
成长	责任	气馁	无用
慷慨	安全	敌意	痛苦

1. _____

2. _____

3. _____

4. _____

5. _____

6. _____

7. _____

　　上面列出的所有积极的价值观都代表了你的性格优势。这些行为应该在你处理人际关系的过程中带给你能量，激励你给予他人一些什么。然而，如果你的清单上有一些消极的价值观，那么你要意识到这些价值观来自你的反自我。你的目标是远离这些价值观，拥抱你列出的积极的价值观。

价值观练习第 2 部分：

　　接下来，在第 1 部分的清单中用另一种颜色圈出你的原生家庭的价值观。这些价值观可能与你自己的价值观不同，但没关系！这么做是想让你看到两者之间的重叠部分和差异。

　　现在，按照从最重要到最不重要的顺序，把你在成长过程中从原生家庭中接受的最主要的 7 条价值观列出来。

1. _____

2. _____

3. _____

4. _____

5. _____

6. _____

7. _____

价值观练习第 3 部分：

为了更清晰地看到你目前的价值观和你家人的价值观之间的差异，让我们把它们放在一起比较一下（见表 9.1）。

表 9.1　比较你个人的价值观与原生家庭的价值观

	我的核心价值观		我的原生家庭的价值观
1		1	
2		2	
3		3	

......

价值观练习第 4 部分：

更加了解自己的价值观，可以帮助你找出生活中那些价值观与你一致的人，也可以帮助你更清楚地认识到为什么你会与某些人产生矛盾。为了帮助你获得更深入的了解，请回答以下问题：在他人眼里你拥有什么优点？例如，人们会对你说你是一个忠诚的朋友吗？或者你是个乐观主义者？你是一个很棒的队友？回忆一下你从朋友、家人、同事、老板、下属等人那里得到的积极反馈，并把它们都写下来。

如何让这些优点成为你的核心价值观？

你觉得你需要在生活中做更多反映自己价值观的事情吗？

坚持和遵循你的价值观并不总是那么容易。这是一段持续一辈子的旅程，途中会遇到许多弯路。

　　我曾经和一个人共事过，他说"乐趣"一直是他的核心价值观之一。他是一名摄影师，专门从事无人机摄像和其他专业的摄像工作。他只接受他认为能够给自己带来乐趣的项目。他周游世界，从事有趣的冒险活动，根据某一天自己获得了多少乐趣来判断那一天有多么美好。他甚至找到了一个完美的伴侣——一位同样重视乐趣的女士，然后他们决定要生个孩子。令他难以置信的是，孩子出生以后，他的价值观转变得有多么快。突然间，在全世界寻找乐趣的价值观失去了光彩，取而代之的是一种新的价值观——爱。

　　不过，他依然重视乐趣，他面临的挑战是找到一种方法，使这些价值观保持同步，互相之间不产生冲突。一种解决方法是重新定义"乐趣"对他而言的意义。以前乐趣可能意味着在周末到音乐节用无人机拍摄照片，现在乐趣可能意味着和家人一起去街上的公园散步。随着生活的发展和变化，你可能需要重新定义如何实现自己的价值观。当你的生活重心发生改变时，你的价值观也会随之改变。

当意想不到的事情发生时，我们的核心价值观就会受到最严峻的考验。但是，当我们面临逆境时，正是我们最需要与核心价值观建立连接，并践行它们的时候，因为它们将帮助我们渡过难关。

从今天开始，让家人了解真实的你

我们在与原生家庭的关系中初次学习如何与他人建立联系。没有人能在孤立中茁壮成长，我们通过他人了解自己。与家人建立安全健康的联系是在生活中拥有复原能力的主要方法之一。

从童年早期开始，我们与家人的关系就开始塑造我们的信念和行为，教会我们需要从他人那里得到什么，好让我们感到安全和得到需要的回应。这些最初的关系形成了我们余生的行为模式。我们给予和接受爱的能力来源于我们最早的依恋他人以及与他人建立联系的过程。某一种能力的缺乏也来源于此过程。

在塑造中心，我们会探索不同的行为依恋模式，以及它们对我们生活产生的影响。当我们需要获得安全感和亲密感时，这些联系和依恋行为的模式就会被激活。当这些需求得到满足时，我们可以将其描述为安全型依恋。安全型依恋意味着你和依恋对象之间形成了一个系统。在这个系统中，当你需要的时候，你可以接触到依恋对象，通常是父母或主要的照顾者，并得到他们的回应。这个系统为你提供了一个安全的基础，在此基础之上，你可以探索这个世界。

另一方面，不安全型依恋意味着你和依恋对象形成了另一个系统。在这个系统中，你不能假定照顾者会对你的需要做出反应，你的需要得不到满足，认为父母或照顾者不会给予自己回应。这可能会导致你做出破坏性的，或寻求注意的行为，这些行为目的在于调整你自己与照顾者的关系，以满足自己的需要。

有趣的是，不安全型依恋也可能会给人带来积极的影响。例如，在贝丝成长的过程中，她的爸爸是一个酒鬼，但是因为她爸爸很少照顾她，所以她在很小的时候就学会了如何照顾自己。现在，作为一个成年人，她知道如何照顾自己，承担责任，因为她从小就是这么做的。

我们年幼的时候并不都拥有安全型依恋关系。但成年后你可以采取正确的策略培养出更积极的关系。在任何关系中，你都可以更加留心观察自己的需求；你可以与他人建立健康的沟通方式；你可以设置健康的沟通边界，这样你就不会觉得自己被别人利用；当你可能无法从别人那里得到你想要的东西时，你可以疏导自己的情绪。

你可以问自己以下这些问题，思考你小时候和现在的家庭关系：

◎ 当你年幼的时候，你认为家人希望你成为怎样的人？

◎ 你从家庭中感受到怎样的压力，迫使你以某种方式行事？

◎ 对你的家庭来说什么是重要的？学业、家务、照顾弟弟妹妹，还是所有这些？

◎ 你的家庭对你来说有多重要？最重要为 10 分，最不重要为 1 分，请你打一个分。为什么是这个分数？

◎ 你和家人的关系有多好？最好为 10 分，最不好为 1 分，请你打一个分。什么能让你们保持很好的关系？什么让你们无法保持良好的关系？

◎ 你和家人一起成长的过程中形成了哪些优点？例如：勤奋、
自律、专注、诚实。

◎ 你是如何处理矛盾的，你的处理方式与父母的有何相似之
处或不同之处？你的处理方式对你来说奏效吗？

◎ 你还会担心父母是否会喜欢你做出的决定和你的行为吗？

◎ 你的童年是否有一些消极的时刻仍然困扰着你？现在，你能
从另一个角度看待这些回忆，对它们心怀感激吗？

给"空巢老人"的建议

当你花了那么多时间、爱和精力来抚养孩子，然后有一天发现，
孩子们离开了家，去上大学、参军，或者离开父母独自生活，这时候
你可能会感觉生活非常空虚。独守空巢可能会让你变得非常情绪化，
但是你也可以在这个全新的安静空间里找到平静。你可以这么做：

1. **一开始有情绪是很正常的，不要试图隐藏这些情绪。**当你需要
哭的时候就哭，但每次哭完都要提醒自己，你在抚养孩子方面做得很
好，这就是为什么他们能有足够的信心离开家！

2. **你的孩子在前进，你也需要前进。**这段时间很适合用来重新评
估你的生活，重新和最佳自我连接，发展一些新的爱好，充实地度过
每一天。设法回馈社会和他人，比如做志愿者，和老朋友联系，或者
参加一个健身班。做一些和孩子无关的事情，从中找到快乐。

3. **虽然你的孩子可能不和你住在一起，但请记住，你仍然是一位
家长。**现在，你可能不会每天帮孩子做决定，但你仍然是孩子的后盾。
无论如何，你仍然需要提供支持。你仍然是有价值的。

4. 记住，你的孩子并没有离开你，他们只是在尝试过自己的生活。 找时间庆祝一下你作为父母所取得的成就，不要总是想着他们已经离开了，并因此感到难过。

如果你生家人的气

我们可能会允许家庭成员说一些或做一些伤害我们的事情，因为他们是"家人"。如果朋友或陌生人对你做了同样的事情，你很可能会有截然不同的反应。家庭系统失调通常是因为某个家人说了或做了一些直接或间接伤害你的事情。因为在成长的过程中，我们身边没有家庭治疗师，所以只能自己试着去理解这些常常令我们感到痛苦或受伤的事情，而且我们常常无法宽恕对方。

顺便提一句，你完全可以选择不和某个家庭成员来往。我和一些家庭成员不太合得来，我相信你也是如此。有血缘关系并不意味着你就必须和他们来往。如果你正和家人发生争执，你们之间的关系产生了裂痕，或者你仍然因为过去发生的某件事情而生气，那么是时候开始修复或者结束这段关系了。

如果你对某个家庭成员怀有怨恨和戒心，那么问问自己这些情绪有没有蔓延到其他的人际关系中。即使这些情绪来源于一个人，但它们的感染力很强，如果你放任由之的话，它们可能会开始影响你生活中的每一个领域和其他的人际关系。

为了真正活出最佳自我，你需要在所有的人际关系中展现出最佳自我。你的各种角色不可能互相独立，所以我鼓励你采取措施修复与家庭成员之间的问题关系，这样它就不会影响你生活中的其他领域。

这里有一些方法可以帮助你。

◎ 如果每次想到要面对你的家人，你都会感到害怕或焦虑，担心他们的反应，那么想想问题是否在于你自身。相信自己不管发生什么事都能处理好，然后好好爱他们。

◎ 你害怕变得脆弱吗？如果你想念和家人之间的互动，那么就这样告诉他们，即使这意味着允许自己变得脆弱。你可能害怕受到伤害，但现在你不是正因为压抑自己的感情而受伤吗？承担风险，不要让恐惧阻碍你。

◎ 如果你正在以某种方式与你所爱的人竞争，那么你就是在与自己团队中的人竞争！理想的情况下，你的家庭成员应该支持你，而不是与你意见相左。如果你和这个人之间的根本问题是胜负欲，那就下定决心停止竞争，很可能当你停止的时候，他也会停下来。

◎ 如果你对你的家庭成员有嫉妒的感觉，那么问问你自己，你是否真的怨恨他们取得了成功，或者只是家庭成员没有满足你的某个需求。如果你需要家庭成员认可你，为某件事解释或道歉，那么把你的需要告诉他们。

◎ 接受你和家庭成员之间存在差异。你们不需要是一样的，你们不需要喜欢同样的东西或优先考虑同一件事。你们只需要用最好的方式去爱对方。

◎ 在最艰难的关系中，决定选择最佳自我，向对方说："不管你喜不喜欢，我都爱你。"这样处理问题，就会有好事发生。

◎ 无论你们发生冲突的理由是什么，从根本上来看都不值得。

如果今天你失去了那个家庭成员，你还会这么专注于抱怨他们吗？你会为浪费了这段时间而感到自豪吗？从今天开始，让你的家人了解你内心的真实想法。

家庭暴力

如果你是家庭暴力的受害者，我强烈建议你寻求专业的帮助，因为如果这个问题不解决，它会影响你现在的生活。如果其中有虐待、忽视或两者都有，那么你要采取适当的行动来获得帮助。这些问题无法仅仅靠阅读这本书来解决。

婚礼只有一天，而余生很长

让我们开始探讨你的亲密关系，重新审视你的价值观，并与你亲密的人进行比较。那可能是你的伴侣、配偶，你有兴趣约会的人等。

亲密关系价值观练习第 1 部分

圈出你伴侣的价值观。这个列表中既有积极的价值观也有消极的价值观。你的伴侣可能拥有一些消极的价值观，如果他或她有，那么你需要确定这条价值观对你是否有益。

独立自主	平衡	美丽	大胆
同情	学习	聪明	害怕

挑战	爱	团队合作	无精打采
公民权	忠诚	谦逊	悲伤
社群	有意义的工作	洞察力	愤世嫉俗
能力	开放	社会	挫折
贡献	积极	智能	孤独
创造力	平和	谨慎	自我怀疑
好奇心	愉快	有鉴赏力	乐趣
决心	平衡	原谅	成长
公平	流行	坚持不懈	慷慨
信念	认可	后悔	悲伤
名声	宗教	焦虑	绝望
友谊	名声	没兴趣	忧郁
乐趣	自尊	耻辱	排斥
成长	服务	拒绝	尊重
慷慨	灵性	怨恨	责任

现在让我们来想一想，如果你和一个价值观与你不同的人交往，会如何？这取决于不同的价值观是什么，以及它们的重要程度。如果对于一段关系来说你最看重的是诚实，而你的伴侣最看重的前 6 条价值观中没有诚实，那么这段关系可能会破裂！

在一段关系刚开始的时候，好好地敞开讨论你们在一段关系中需要或期望什么，看重什么。你不会想在已经和某个人深入交往后，才发现原来你们对诚实的态度截然不同。沟通和开放是关键。

为了在一段关系中成长，你必须意识到自己是什么样子的，自己需要些什么。我建议你和你的伴侣一起回答以下问题。我发现，当情侣或夫妻一起互相支持着做这件事时，它可能具有很大的影响力，而且富有成效，会创造更深层次的连接，或者促使你们回答双方可能都在回避的问题。

◎ 在一段关系中，你愿意接受什么？

◎ 在一段关系中，你不愿意接受什么？

当你在生活中建立新的亲密关系，或者继续塑造和发展当前的关系时，把这些问题记在心里，这样你就能确保自己永远不会和那些核心价值观与你不同的人建立亲密关系。

亲密关系中的 10 段迷思

你有没有想过媒体是如何塑造我们对浪漫关系的看法的？我和你分享过一个客户的故事，她的反自我叫"长发公主"。她对亲密关系有着不切实际的想象，这都是来自她从电视节目、电影、音乐、广告和流行文化中得到的信息。她在成长过程中和父亲的关系变得紧张，她试图填补父女关系带给她的空虚感，但媒体只是火上浇油。

电视节目、杂志和社交媒体都把焦点放在"最重要的一天"上，因此很多夫妻都忽略了婚姻本身。婚礼只占据一天，婚姻应该持续一生。但很多人都把注意力放在那一天的盛况上，而不是自己的余生。

几乎婚礼的每一个环节都是为了告诉你这对新人会永远在一起，尽管在你的内心深处，你可能并不那么确定他们会永远在一起。我曾经无意中听到宾客们在讨论那对幸福的新人能否在一起生活满一年。当身穿白色婚纱的美丽新娘走过红毯时，观众们都屏住了呼吸，证婚人诉说着这对夫妻无论健康还是疾病都会陪伴在彼此身边。然后我们举行派对，宾客可能会喝醉，还有什么比喝个烂醉更适合用来庆祝神圣的婚姻呢？当我们回顾婚礼时，会发现整个现代婚礼的流程似乎有点肤浅。我们是怎么走到这一步的？

让我们来看看在成长的过程中，我们是如何一步步接受社会定义的浪漫。在成长的过程中，孩子们会读书、看电影和电视节目，其中会包含浪漫的爱情故事，这种情况会一直持续到成年。随便选一部暑期大片，我都能从中提炼出一个充满魅力的爱情故事，只有浪漫的情节，没有妥协、坎坷、坏情绪或中年危机。

难怪我们成年后对亲密关系的期望完全被扭曲了，因为我们从小就被不切实际的爱情描述所影响。一般来说这些故事会让我们相信，真正快乐过生活的唯一方法是拥有一个伴侣。你被告知如果你是单身，你就有问题，你必须先找到你的灵魂伴侣。当这些潜意识观念轰炸并包围我们时，要克服它们是相当困难的。

当我们进入青春期，我们会意识到自己被谁吸引，常常会陷入恋爱。大多数人在第一次恋爱时会感觉就像是一段会"永远持续下去"的爱情。我们会多次体验到兴奋和激情，直到我们认识到这段爱情不会永远持续下去。于是，我们开始看到迷恋和亲密之间的区别。

我可能是个怪人，因为我绝对不相信单身会有什么问题。我在本书一开始就确定了一个主题：每个人都是独一无二的。对于任何一种人，任何一种人际关系来说，都没有一个放之四海皆准的答案。所以，即使不在一段亲密关系中，你也绝对可以活出最佳自我。

你可以拒绝各类文化向你兜售的"你必须尽快找到你的灵魂伴侣并与之结婚"的宣传，这种宣传是一个谬论。那些拼命想要按照社会对亲密关系的定义去生活的人，往往会感到失望、沮丧，认为自己出了问题，而不是文化系统出了问题。这同样让我感到愤怒和悲伤。不论我们的亲密关系状况如何，我们都应该接受自己和他人。

现在，我要慢慢地从我的演讲台上走下来，和你们分享我在自己的生活中逐渐意识到的事情：如果你做自己、拥有信念，那么不论你是否在一段亲密关系中，你都能过得很好。你可以试着促成一段关系，但是如果两个人不那么合适，最终你也会心碎。

假设你在结婚 8 年后离婚，社会观念会认为这是一段糟糕的婚姻。但如果婚姻在大部分时候都很美好，只是最后你们不爱对方了呢？你们为什么不能庆祝一下在一起的那些美好时光呢？基于一段关系如何结束来定义整段关系是否美好，这样的规则不应该存在。我不认为离婚的人是轻易放弃的人，也不认为他们有什么问题。

话虽如此，我仍然相信，如果你和你的伴侣都能做最佳自我，那么在你们决定分手之前，你一定会努力经营好这段关系。如果你觉得你已经尝试了所有的方法，现在到了和平结束这段关系的时候了，那么你们会明白大家都尽了自己最大的努力，然后可以平静地分开。

无论目前你的亲密关系状况是单身，能轻松地与某人交往，还是处于一段长期的忠诚关系中，或者介于某两种关系之间，最重要的都是考虑你是否能在这段关系中做最佳自我。是的，如果你是单身，这仍然适用。为了自己，你每天都需要做最佳自我。记住，不论你的亲密关系状态如何，你和自身的关系是你最重要的人际关系。你可以回到个人生活这一章来回顾一下这个话题。

关于亲密关系有一些非常具有破坏力的迷思，我现在想要消除它们。如果你认同其中的任何一个迷思，你就几乎不可能在你们的关系中活出最佳自我。在说出每一个迷思后，我都会给你一些最佳自我的真相，你可以把它们运用到你的亲密关系中去。不管你现在的亲密关系感觉如何，不管你们在一起已经多久了，你仍然需要注意这些迷思。

迷思 1：一段美好的关系需要你们在所有问题上都保持一致。

最佳自我的真相：

◎ 从任何层面来看，你和你的伴侣都是不同的两个人。你们不需要对所有的事物拥有同样的看法。

◎ 当你处在亲密关系中让自己的想法与伴侣的想法保持一致并不能解决问题，因为这可能意味着背叛你的核心价值观。

◎ 记住，亲密关系的乐趣来自和一个丰富自己生活的人在一起，如果对方只是反映了你的生活，那么你们之间的关系将不会那么有趣。拥抱你们之间的差异。

迷思 2：一段美好的关系需要很多的浪漫。

最佳自我的真相：

◎ 如果你想要时常沉醉于像电影一样浪漫的时刻，你会让自己感到失望，因为这种浪漫不会持续存在。

◎ 要明白坠入爱河和相爱的区别。随着你们的亲密关系变得安定而现实，相爱第一阶段的激情和兴奋消退并不意味着出了什么问题。你们只是进入了一个新的阶段，在这个阶段你们可以体验到一种新的深度连接。

迷思 3：一段美好的关系需要优秀的问题解决能力。

最佳自我的真相：

◎ 我想很多人认为，为了维系一段关系，我们必须解决遇到的每一个问题。这个想法是错误的！

◎ 事实上，一段关系中出现的大多数问题都是无法解决的。

◎ 关键是不要让这些问题在你内心恶化，开始滋生怨恨，并且触发你的反自我特质。

◎ 要学会接受两个人之间的差异，找到你的情感需要，不要反复去想同一个问题，或者用问题攻击你的伴侣。

迷思 4：一段美好的关系需要你们拥有共同的兴趣。

最佳自我的真相：

◎ 当然，如果你们都喜欢在周末玩风帆冲浪或者在秋天看橄榄球比赛，那会很棒！但是，如果你们中的一个人喜欢某项活动，而另一个不喜欢，那么没有人需要努力爱上这项活动，也没有人需要放弃它。

◎ 同样的，你的伴侣会了解你们之间的差异，所以如果你们有不同的兴趣，那也没什么。

迷思 5：一段美好的关系总是平和的。

最佳自我的真相：

◎ 认为自己可以平和地度过生命中的每一天，这种想法是不现实的。不要认为在一段关系中发生争论是这段关系不健康的标志，即便是最恩爱的夫妻也会争吵。

◎ 争论可以发挥很多作用。如果做得对，争论可以释放亲密关系中累积的紧张感，可以让你平静地接受两个人之间有不和，也不用担心被抛弃或羞辱，从而加强你们之间的联系。

下面是一些最佳自我的争论技巧：

◎ 在出现任何矛盾的时候，一定要问问自己，你的最佳自我会做什么或说什么，而不是沉溺于反自我引发的情绪中。

◎ 不要在争论时攻击你伴侣的价值，永远不要诋毁他人的人格。

◎ 大喊大叫无助于让对方"听到"你的观点。

◎ 不要参与或挑起冲突，这会刺激你。这是反自我的行为。

◎ 争论一定要紧扣主题。争论的矛头转向其他未解决的问题只会让一切变得更加复杂。

◎ 不要毫不留情地进行争论，除非你的观点非常正确，以至于完全不需要再进行沟通。

◎ 重复伴侣的观点，让你的伴侣知道你听到他或她的观点。

◎ 不要回避问题。即使问题无法解决，也要努力得出一个双方在情感上都能接受的结论。

迷思 6：一段美好的关系能让你发泄所有的情绪。

最佳自我的真相：

◎ 即使你非常紧张，承受着巨大的压力，感到精疲力竭也要记住，你仍然爱着你的伴侣，你应该尊重他或她。不要将你的情绪原原本本地展现出来，这可能会造成极大的伤害。

◎ 宽恕在亲密关系中非常重要，但不要因为你在紧张时刻说了一些糟糕的话而让自己不得不乞求宽恕。

◎ 当你情绪高涨时，在开口说话之前，停下来，做个深呼吸，问问最佳自我该怎么做。不论你们是否在激烈地争论，你都可以暂停一下，深入自己的内心，然后回来继续。

迷思 7：一段美好的关系与性无关。

最佳自我的真相：

◎ 在关系调查中，那些对性生活满意的夫妇表示，性的因素只占所有影响因素的 10%。另一方面，那些对性生活不满意的夫妇则认为，性的因素占所有影响因素的 90%。

◎ 性能让我们体验到高度的亲密、脆弱与分享。

◎ 性不仅仅是指性行为本身。任何让伴侣的身体感到舒适的
行为都可以被看作是令人满足的性生活的一部分。

迷思 8 ：如果伴侣有缺点，那么就无法拥有一段美好的关系。

最佳自我的真相：

◎ 每个人都是独一无二的，而且没有哪个人是完美的。尽管
你们都有缺点，但你们也可以拥有一段美好的关系。

◎ 不要纠结于伴侣的缺点，要记住最初吸引你的那些特质。也
许他或她身上的某些独特癖好正是吸引你的部分原因？一
种行为不是主流，并不意味着它对亲密关系不利。

◎ 要小心区分有怪癖的伴侣和有严重问题的伴侣。严重问题
包括滥用某些药物和精神或身体虐待。与癖好不同的是，
你不应该学习适应这些行为，如果发生类似的事情，你需
要采取措施保护自己和孩子。

迷思 9 ：要让一段关系变得美好，有正确的做法和错误的做法。

最佳自我的真相：

◎ 要做一个好伴侣、好家长，或者应对亲密关系带来的挑战，
没有最权威的"正确方法"。但你的最佳自我会有一套做事
方法，只有你知道主导这一切的是最佳自我还是反自我。

◎ 做适合自己的事，做你觉得可靠的事，而不是遵循你可能
在书中读到的，在电影中看到的，或从一个好心的朋友那
里随意听到的标准。如果你和你的伴侣正在做的事会带来
你们想要的结果，那就坚持下去。如果你们俩都习惯了目
前的做事方式和价值观，那么你可以编写自己的规则。关
键是你和你的伴侣需要意见一致。

◎ 记住，不要对伴侣表达爱意的方式有死板的要求。不存在
一种爱你的"正确"方式。如果你的伴侣表达爱意的方式
与你不同，或者与你预期的不一样，不代表他或她的爱意
不真诚，或没有价值。

迷思 10：只有当你能操纵伴侣时，你们的关系才会变得美好。

最佳自我的真相：

◎ 你只能控制自己和自己的行为，不能控制其他人和他们的
行为，包括你的伴侣。这意味着当你们的关系出现任何问
题时，你必须做好自己的那部分。如果你绝对不能接受伴
侣的某些方面，那么不要相信你能改变你的伴侣。那会是
破坏一段关系的因素，也是结束一段关系的理由。

◎ 一旦你改变自己，以真实自我、最佳自我生活，你可能会
惊讶地发现眼前的世界开始适应你。你不能改变你的伴侣，
但是如果你改变自己，随着时间的推移，你的伴侣可能会
开始给予你不同的回应。如果你改变了，你们之间的互动

就必须改变。这并不意味着它会变得更好，但它会改变。

◎ 你不能指望你的伴侣为你的幸福负责，你要对自己的幸福
　负责。记住，爱是相互的，为了得到爱和关注，你必须对
　你的伴侣付出爱和关注。

世界上没有完美的亲密关系，因为我们都是不完美的。每一段关系都各不相同，有的互动方式对关系有利，有的对关系不利。如果你们在某一方面遇到了障碍，那么我希望你们能就这个问题进行一次诚实、开放和充满求知欲的对话。我们的根本目标是学习并真正理解在亲密关系中你认为重要的是什么。

让伤害，在我们这一代停止

如果你是一位家长，那么在你的生活中，这是你需要与最佳自我保持连接的重要领域。我的客户和身为父母的朋友告诉我，对于做最佳自我，没有什么领域比养育孩子更具有挑战性！记住，父母是一个名词，也是一个动词，还是份一天 24 小时、一周 7 天待命的工作。

以下是一些特别的工具，可以帮助你作为父母踏上真我之旅，这样你和你的孩子都能快速成长。

最佳自我育儿工具 1：有目的地育儿

作为父母，你能做的最重要和最令人兴奋的决定之一，就是为你的孩子定义成功的目标。明确的、与年龄相适应的目标，会给你的孩

子一种使命感，随着他们在生活中实现某些目标，他们会感觉到能够掌握自己的世界。你为孩子所下的成功定义必须是反映孩子的，而不仅仅是你的兴趣、技能和能力。

记住，你的孩子不是你，他们有自己独特的个性，必须从小就学会如何与最佳自我建立连接。因此，你可以帮助他们探索自己是谁，对什么感兴趣，以及如何与这个世界互动。在这个过程中培养他们的个性，这样他们就会有动力与最佳自我建立连接。

我们通过亲身实践来教育孩子，以做最佳自我成为孩子的榜样。如果他们看到你做最佳自我，他们也会更倾向于这样做。作为父母，你的主要责任之一，也是你能给孩子最好的礼物之一，就是教会他们充分发挥自己的天赋，在生活中逐步实现自己的梦想。

你们还需要一起确定社交方面的目标，帮助你的孩子成为一个负责任的公民，与他人和谐相处，建立亲密和互相信任的人际关系。你要教会孩子关掉生活中的噪声，不让其他人的消极面影响他们的内心。鼓励他们和你交流，这样你们就能一起辨别什么是"噪声"。你可以让每一位家庭成员回顾自己当天的好经历和坏经历。这件事可以在晚餐时进行，也可以在任何适合的时间进行。

每天至少要分享自己生活中发生的一件好事和一件坏事。这样做的目的在于分享彼此的快乐，并且鼓励彼此。如果你的孩子受到了某种欺负或不公平对待，你可以帮助他们克服困难，变得更加坚强。

最后，如果你能培养孩子感恩的能力，你将极大地帮助他们理解：当我们活在当下，深深地感恩自己所拥有的一切时，就能真正地感到幸福。创造一种有趣的方式来让你的家人每天练习感恩，这种讨论可以持续几秒钟或更长时间，只要符合你家庭的日常生活节奏就行。如果每一天你能以感恩的态度醒来，并以感恩的态度结束那一天，那么你就送给了你的孩子一份终生受用的礼物。

最佳自我育儿工具 2：清晰地育儿

父母与子女之间的沟通，对于建立和维持一种充满爱和富有成效的关系来说至关重要。这就是清晰地育儿的基础原则。作为父母，你的目标是创造一种能让所有家人感到安全、有归属、自信和充满力量的家庭环境。为了做到这一点，你必须非常清晰地进行沟通。

孩子们需要感觉到，他们在你所创造的家庭拥有一定的权力和影响力。促成这种感觉的主要方法是：当你和他们交流时，给予他们充分的、一心一意的关注，并仔细体会他们想要传达的信息。你和孩子之间唯一的交流可能常常发生在危机爆发或负面反馈出现的时候。重要的是，不要在有压力的情况下谈论重要的事情。

例如，在孩子晚回家 30 分钟的时候不适合讨论宵禁。在孩子出门之前，你就需要清晰地传达这些规定。如果他或她违反了宵禁规定，等第二天早上你冷静下来之后再讨论后果。那时你不太可能出于愤怒而做出一些决定或采取某种行动。如果你的孩子拒绝刷牙，那么你可以想一些拒绝刷牙的后果。这样下次他们拒绝的时候，你就可以冷静并平静地提醒他们，他们做这个决定会带来某个后果。在盛怒之下大喊大叫是最糟糕的交流方式。

通常在交流时，时机就是一切。孩子们想要被倾听，被认可，想要知道你明白他们的感受。他们希望，如果自己按照期望去做，就能获得某些特权。他们想要拥有某种力量或能力，创造出自己想要的东西。孩子从很小的时候开始就有这种需要了。如果你的孩子想要的东西不是他们应该拥有的，那么不要退缩，不要屈服。

确保你花时间告诉他们你听到了他们说的话，知道他们的感受。向他们解释，为什么他们无法得到自己想要的东西，但不要过度解释，因为孩子会认为自己能说服你。陈述你的理由，确保他们觉得你在倾听他们的想法。如果你从一开始就养成这样的习惯，那么以后你将更容易用这种方式处理这个问题。

最佳自我育儿工具 3：用谈判来育儿

生活中需要进行很多谈判，养育子女也不例外。作为父母，你需要确定孩子的性格类型，并据此进行谈判。

如果你有一个非常叛逆的孩子，你不一定要用严厉的方式来进行谈判。教授孩子谈判基础的第一步是，确保他们能够预见自己行动的后果，并对结果怀有责任感。这样，他们就会感到自己拥有力量，而你每次都更有可能成功地进行谈判。以下是你和孩子谈判的 5 个步骤。

1. **缩小争议范围。**只关注眼前的争端，不要探讨过去的不和谐或有争议的领域。
2. **找出你的孩子真正想要的是什么。**你可能已经知道那是什么，但要确保它和你认为他们应该拥有的相一致。如果他们想要的东西会在某种程度上对他们带来危害，那就不予考虑了。

3. **努力找到一个中间地带**。妥协在所有家庭中都是一个神奇的词，尤其是那些有孩子的家庭。能够找到一个让每个人都觉得自己赢了的中间地带，可以迅速化解问题，避免一场意志之战。

4. **说出你的想法和谈判结果**。确保孩子完全理解最后的决定。

5. **在谈判中达成协议，从有效期较短的协议开始**。对于年幼的孩子来说，要想起几个小时前达成的协议也很难。当你进行谈判的时候，要考虑到孩子的年龄，选择适合的时效。

最佳自我育儿工具 4：奖励式育儿

如果你想让孩子表现得体，就必须为他们设定行为标准。很多时候，父母只关注孩子的不恰当行为，他们的教育风格就会演变成抱怨。

如果你的关注点不是试图改变不可接受的行为，而是培养孩子的积极行为，那么消极行为就不会那么势不可挡。要做到这一点，一个很好的方法就是理解你孩子的"价值系统"。

"价值系统"指的是对良好行为的奖励或认可系统。如果在孩子做出目标行为时或在刚做完之后马上奖励，该行为再次发生的可能性就会增加。想出一个办法，让你的孩子通过做出恰当的行为获得尽可能多的奖励。

奖励有许多种，它们会随着孩子的年龄而变化。星星贴纸对年幼的孩子们非常有用。在做出某些积极的行为后，你可以给他们一颗星星，星星达到一定数量之后，他们就会收到一份小礼物。

避免给他们任何形式的食物奖励，使他们和零食建立不健康的关系可能会在他们长大后对他们产生不好的影响。一开始不要给他们昂贵的奖励，否则他们可能会形成不切实际的期望！

对于年龄较大的孩子，如果他们表现出责任感，而且选择做出积极的行为，那么就可以让他们获得一些特权或更多的时间来参加有趣的活动。一旦你理解了孩子认为什么是有价值的，你就可以借此塑造他们的行为。

最佳自我育儿工具 5：通过改变来育儿

当涉及养育孩子时，你必须愿意采取一种不惜一切代价的心态。这可能意味着你要请两周的假，在家陪生病的孩子。你可能不得不做出一些牺牲，比如买价格更便宜的车，搬进一栋更小的房子，减少外出就餐。或者当孩子在公立学校过得不顺利时，选择去离家更近的地方度假，以省下钱来支付私立学校的学费。你和孩子的未来是宝贵的，如果出现了极端的问题，就需要采取极端的解决办法。

当孩子的生活发生变化，一家人的生活也会发生变化时，如果你们一起写份承诺书，就可以帮助每个人应对他们生活中的新常态。这样，你就可以根据每个人的新期待开发一个沟通系统，预测可能会出现的阻碍，并为前进道路上任何可能出现的障碍制订计划。

最佳自我育儿工具 6：和谐育儿

要在你的家庭中创造和谐，首先要确保你没有和任何东西或任何人争夺孩子的注意力，反之亦然。我曾听说过，小孩子不得不让父母转过头不看手机，让他们看着自己的眼睛，听自己说话。

孩子们也可能会坐在电视机前，呆呆地盯着屏幕，完全听不到父母和他们说的任何话。如果电视、手机、电子游戏或其他与科技相关的活动，让你无法与家人和睦相处，那么是时候认真评估一下大家最重视的东西了。

首先，列出家庭最重视的十件事，然后列出家庭中最浪费时间的十件事。比较这两份清单就可以确定分配时间的方式是否合适。如果你发现你们在最重视的事情上花的时间最少，那么你们就需要有意识地重新分配时间和精力，这样你们就可以都做那些最重视的事情。

最佳自我育儿工具 7：以身作则

孩子们生活中最强大的榜样是他们的父母。事实上，孩子会通过观察他人的行为并注意他人行为的后果来间接学习。他们会观察家庭成员在成功或失败时经历了什么，这些经历会成为他们今后生活的参考。这就是所谓的模仿。通过你的行动、言语、行为和爱，你可以引导你的孩子去你想让他们去的地方。

当你以身作则地为人父母时，注意你的思想、情感和行为，并结合你的成长方式来评估它们。确保你在做有意识的、有目标的决定，而不是基于家庭中遗留下来的负面习惯做出决定。

如果你在孩童时期经历过虐待、忽视或有问题的养育方式，那么让这些负面的经历到此为止，不要把它"传递"给你的孩子。

我们无法选择父母和家庭出身，但是在抚养孩子时，我们拥有选择权。我们会通过无数的方式影响我们的孩子，有些是有意识的，有些是无意识的。这会带给你很大的压力，你所说的和做的每件事都很重要。向你的孩子展示如何成为一个快乐、平和的成年人。向他们展示你在做最佳自我，然后他们也会学着这样做。

你在人际关系领域中做到最佳自我了吗?
—— ○ Relationships ○ ——

现在，是时候给你的人际关系打分了，我已经把这部分划分成了三个类别。

你的家庭关系：首先，给你的家庭关系打分，分数范围为 1 ~ 10 分。"1"表示你的家庭关系出现了严重的问题，对你带来了负面的影响。"10"表示你的家庭关系支持着你做最佳自我，几乎不需要进行改善。

在这个领域对你有益的行为是什么，为什么?

例子：

◎ 我会和那些利用我的亲人划清界限。

◎ 我对我的亲人很诚实，但在说话时会尊重他们。

阻碍你得到想要的东西的行为是什么?

◎ 我会对亲人的要求做出让步，即使这样做对我没有好处。

◎ 我允许亲人们的评论影响我的情绪，而且我对家庭成员怀有内疚和怨恨的感情。

你的亲密关系：首先，给你的亲密关系打分，分数范围为 1 ~ 10 分。

"1"表示你的亲密关系对你没有益处，并没有支持你做最佳自我。"10"表示你的亲密关系很健康，能带给你很多回报，而且没有太多改善的空间。在这个领域对你有益的行为是什么，为什么？

例子：

◎ 我会倾听伴侣的需要，并且告诉他／她我的需要。

◎ 我会诚实面对我的伴侣。

阻碍你得到你想要的东西的行为是什么？

例子：

◎ 我欺骗了一个我真心想忠诚以待的人。

◎ 我有种一触即发的反应模式，经常对我的伴侣发脾气。

你的育儿生活：首先，给你的育儿生活打分，分数范围为 1 ~ 10 分。"1"表示你的育儿生活很痛苦，你知道需要立即关注这个领域。"10"表示你感觉育儿生活真的很棒，大部分时候，你是作为最佳自我在育儿。

在这个领域对你有益的行为是什么，为什么？

例子：

◎ 我创造了积极的家庭传统或仪式。

◎ 不管我们有多大的压力，有多累，或者有多沮丧，我每天晚上都会告诉我的孩子我爱他们。

阻碍你得到你想要的东西的行为是什么？

例子：

◎ 我会提高我说话的音量，或在我的孩子面前争吵。

◎ 当我的孩子不尊重我时，我就贬低他们。

你在这一章做了很多，做得很好！人际关系是我们灵魂的中心，可以让我们的内心充满快乐。接下来，我们将继续看看你在工作领域做了什么。考虑到我们大多数人在工作上花了不少时间，这场对话非常重要。所以，让我们来确保你能在工作中做最佳自我吧！

第 10 章 Employment

全身心投入工作，未来会充满惊喜

当你工作时，你必须成长，否则就是放弃。你要么在生活中进化，要么远离生活。

我清楚地记得，瓦伦西亚小学三年级的高桥老师问我们班的同学：长大后想做什么。她的原话是：你想做什么工作？孩子们通常会给出熟悉的答案：宇航员、消防员、医生等。从很小的时候起，我们就被引导去确定我们想做什么工作，而不是想成为什么样的人。

想象一下，如果我们在学校开设个人发展课程。如果我们教孩子们专注于发现真实自我，然后让生活来告诉他们，哪种职业最适合发挥他们的激情和天赋，结果会怎么样？而不是把太多精力放在我们长大后想做什么工作上，相信大家的抑郁和焦虑情绪会少很多。

我深信这条理念，而且我正是在这个理念的基础上创建了双重诊断治疗项目（dual-diagnosis treatment program）。在此基础之上，塑造中心蓬勃发展。我们的口号是"我们为你创造自由，让你活出最佳自我"。我认为，每个人都应该在生活中发现这种自由，而不仅仅是那些正在解决某种程度的心理健康问题的人。帮助人们实现这一目标的挑战在于需要为每个人量身定制一套治疗方案。

每个人的旅程都是不同的，遵循更常见的治疗范本会不会更容易呢？那是当然。但我并不打算创造千篇一律的体验，那与我的真实想法、热情和愿景不相符。多年来，我雇用过成百上千个来自不同公司的员工，从律师到治疗师、医生、办公室经理、接待员、清洁工等。我发现有两种员工，一种员工按时上班、下班，为的是赚一份薪水；另一种员工热爱着他们的工作。

在求职面试中，雇主不会知道眼前的这个人是挣薪水的那一类，还是充满热情的那一类。也没有哪种教育和培训可以告诉雇主，这个人最终会成为哪种类型的员工。但是，那些对自己的工作充满热情，并在工作中和最佳自我相连接的人，无疑是最优秀、最快乐的员工。

几年前，我在塑造中心组建团队。随着公司的成长和成功，我开始雇用在这个行业工作了20多年的人。有一次，我专门为一个职位招聘员工，这个职位将在我们的行政工作和临床工作之间架起一座桥梁，这个人将是我们的执行主管。录用的执行主管经验丰富，一天，她走进来对我说："迈克尔，你知道你的临床主任怎么了吗？"通过接下来的谈话，我大概了解到机构里的病人无人管理。当时的临床主任上午11点才来上班，还把他的几只狗带到了机构，甚至在上班时间在我们的办公室里给自己的病人看诊，所以我让他走人了。

我的新执行主管完全扭转了公司内部的局面，因为她非常在乎她的工作，而且非常认同我们的使命，所以她能使整个系统更好地运作。她对工作的热情是有感染力的，塑造中心的所有人都很喜欢她。

在这一章中，我的主要目标是帮助你辨别你在工作中是否能像在家里一样做最佳自我。我在与客户的相处中发现，如果你不能在工作中做自己，那么你就是在浪费生命中宝贵的时间。很多人似乎迷失了自己，害怕在工作中做一个不像自己的人，他们无法让工作中的自己和生活中的自己保持同步。我们需要时时刻刻都活出最佳自我。

以下这些迹象表明，你在工作中并不是最佳自我：

◎ 你会担心同事是否喜欢你。

◎ 工作结束时，你感到筋疲力尽。

◎ 你在工作时努力让自己不觉得无聊。

◎ 穿符合公司规定的衣服会让你觉得不舒服。

◎ 你的同事会回避你或者不想和你在一起。

◎ 你觉得老板总是先提拔别人。

◎ 你觉得自己没有在工作中发挥真正的才能。

◎ 在会议上你会保持沉默。

◎ 你不觉得自己处于"海绵模式"，即在工作中定期学习新技能、新想法和掌握新信息。

◎ 在工作日结束时，你会迫不及待地想离开。

◎ 你不会在工作中受到鼓舞。

◎ 你不能诚实地告诉同事或老板公司需要做哪些改进。

◎ 你不喜欢你的同事。

◎ 下班后，你会把工作和生活区分开来。

◎ 你不为工作中的自己或自己正在做的事情感到自豪。

如果你不得不在谋生的同时整天自我伪装，那么你最终会把自己榨干。但不要绝望，你不会永远这样。让我们来看看你的工作是否符合你真实的生活方式，如果不符合，我们就做出必要的改变。

工作黄金圈：综合你的目标和热情的艺术

　　还记得我在本书开头的时候说过我们都是艺术家吗？这是真的，只是我们需要发现自己独特的艺术形式。在我眼中，你的艺术就是你的"为什么"。如果你还没听说过西蒙·斯涅克（Simon Sinek），那就去网上查查他吧，他创造了"黄金圈法则"（Golden Circle）。黄金圈看上去像一个靶子，最外圈是"什么"，中间的一圈是"怎么做"，最内圈是"为什么"。在他看来，黄金圈法则主要适用于企业发展和品牌推广。但就我的工作和生活而言，我的黄金圈是：

　　什么＝我是一名人生教练

　　怎么做＝我指导人们做各种练习和转换状态

　　为什么＝为人们创造自由，让他们活出最佳自我

　　我参与的所有项目，从我们在塑造中心的工作，到我在《菲尔博士秀》上的亮相，都能回归到我的"为什么"。当我在做我的"为什么"时，工作从来不会让我感到沮丧、耗时长或有负担。你的艺术就存在于"为什么"之中。

　　我曾与世界上一些最知名的流行歌星合作过，你和他们一样，都是艺术家。我们的艺术将我们的最佳自我和这个世界连接在了一起。从内心深处问问自己你是谁，然后从那里开始行动，这是解决你在工

作领域中遇到的任何问题的第一步。我有个问题要问你：你目前对工作的定义是什么？我鼓励你在这里对自己提出疑问，尤其是如果你不喜欢那份工作，或者你真心不喜欢工作的某些部分。我可以保证，如果你不爱你的工作，那是因为它和你的"为什么"不一致，所以也和你的艺术表现不一致。

有这种感觉的人往往非常期盼周五下午的到来，这意味着工作日即将结束，周末即将开始。这类人也害怕周一到来，而且患有周日晚综合征^①。我经常听到有人说："我们不要谈工作了。"不知怎么的，人们有一种感觉：工作必须让你觉得很累，才能被认为是工作。美国人似乎特别相信，如果你在周五下午的时候没有感到压力大到难以置信，身体非常疲惫，那么你这一周的工作就不够努力。

相比你在工作中取得的成绩，人们更看重你的工作时间。人们几乎不关注你有多喜欢自己的工作，或者你从工作中获得了多少乐趣。大多数行业甚至完全不会考虑这一点：从工作中获得乐趣。

假期的时候，人们完全不会工作，会忽略电子邮件，关掉工作电话等。因为当假期来临的时候，他们已经精疲力竭了。这表明他们在各个领域失去了平衡。

当我坐下来和一个正在经历工作倦怠的人聊天，我会发现原因通常不在于工作本身，而在于他们的生活缺乏热情和乐趣，他们很容易把责任归咎于他们的工作。如果你的职业反映或表现了"你的艺术"，那么你不会因为工作而感到疲惫不堪，你会觉得精力充沛。

---

① 一到周末就情绪异常，或烦躁不安，或无聊空虚，或情绪低落，或无节制狂欢，过后又产生虚度光阴的内疚感，容易出现抑郁、焦躁甚至心悸、失眠等身心健康问题。

这里有一个小测试，可以帮助你更多地把自己做的事看成是一门艺术，而不仅仅是一份工作。

写下在过去的几个月里你感受到自己热爱这份工作的 3 个情景。

1. _____

2. _____

3. _____

为什么这些经历会让你热爱你的工作？在你目前的工作中，有可能增加这样的经历吗？你的其中一门艺术可能是什么？你在工作的时候是否正在从事你的艺术？当我和客户一起工作时，我们往往要花上几个小时才能真正定义一个人是什么样的艺术家。所以如果这些问题有点难以回答，不要感到惊讶。

你可能会想，你的艺术是帮助别人。与其说这是一门艺术，不如说是你很喜欢做的一件事。这有点宽泛，那么你喜欢用什么具体的方式帮助别人，你喜欢帮助哪一类人？你可能是通过客户服务来做这件事，如果是这样的话，那么你的艺术就是"为人们创造被倾听的机会"。

一旦你把你的艺术定义成"为人们创造被倾听的机会"，你就可以用多种方式实践你的艺术。如果你目前的工作是在电话里告诉客户如何安装电脑，这可能与你的艺术不相符，所以你不会在这份工作中感到满足。根据你所了解到的关于你的艺术的信息，在工作中找到表达自己的方式。在你目前的工作中可能有这样的机会，如果没有，那么你可能需要考虑换个工作了。

我的哥哥戴维·拜尔（David Bayer）就是一个完美的例子。他毕业于一所常春藤盟校，从事数字营销的工作。他花了很多时间从事这份能让他在财务方面感到安全与满足的工作，但他觉得自己缺乏目标。当他37岁时，他终于受够了，于是改变了自己的职业，成了一名个人发展教练。现在，他是美国领先的自我提升研讨会的首席执行官。从本质上讲，他创建了一份事业，帮助人们将他们的艺术、热情和目标与他们的事业联系起来。他从来没有后悔过。

梦想和金钱兼得，只需你发挥一点创意

人们总是告诉我，他们希望能赚更多的钱。这是一个常见的、可以理解的愿望。让我们通过回答以下问题来探索你与金钱的关系。

◎ 钱对你来说意味着什么？

◎ 你对金钱最早的理解是什么？

◎ 你有任何与金钱相关的创伤性经历或压力源吗？

◎ 你对金钱形成了什么限制性的信念？

◎ 你相信自己能很容易得到钱吗？

多年来，我雇用了一些非常有才华的人，当我们需要谈论钱的时候，房间里的气氛立刻变得尴尬和令人不舒服。这是一个常常会让恐惧主导的地方。没有人想要入不敷出。对一些人来说，这关乎自己的尊严，因为能够供养我们的家庭很重要。对另一些人来说，如果他们在贫困中长大，那么他们在童年时期就会形成这种恐惧。许多曾和我

共事过的人都记得，他们上学时只能穿破洞的鞋子，晚上甚至要饿着肚子上床睡觉。这些经历会深深扎根在我们的情感记忆中。

随着年龄的增长，我们开始赚钱养活自己，但有时我们依然像一个无助的孩子。我们为了赚钱选择自己不喜欢的工作，或者因为害怕自己找不到别的工作就接受了第一份工作的邀请。这是正常的，但到了某个时候，你必须允许自己考虑其他的可能性，问问你自己：如果不考虑钱，你会喜欢做什么？

也许你会说，你想去某个地方的海滩放松一下，日复一日地躺在舒服的吊床上看着太阳下山。但这是不现实的。我可以告诉你，我认识一些这样生活的人，他们常常会感到空虚和迷茫，因为除了放纵，他们没有别的人生目标。

现在，让我们再来看看这个问题。这一次，我想让你从最佳自我的角度进行思考。你的最佳自我喜欢做什么工作？什么工作能让你觉得自己在以一种富有成效和具有回报的方式运用自己的天赋，实践你的艺术？让你的想象力自由驰骋，不要设限。当探索你的内心时，让所有的恐惧都消失，没有羁绊，自由自在。你的生活是你自己的，你可以随心所欲地选择。问问你的最佳自我：你在寻找什么？

1. 在创造了这个愿景之后，你在想什么？

2. 有没有什么东西阻碍你实现愿景？你是否认为你的愿景是不可能实现的，或是不存在的？

3. 接下来，想象一下如何做才能在现实世界里实现这个愿景。

4. 你怎样做才能抓住你真正想要的职业？

举例来说，如果你喜欢在周末打理花园，而且你所有的朋友都喜欢你种的新鲜水果、蔬菜和香草，那么也许你可以在当地经营一个苗圃。或许视觉艺术一直是你的爱好，即使你不是毕加索，你也可以在附近的艺术用品店或工艺品店工作，被你喜欢的东西包围。

如果你是一名优秀的写作者，并且一直擅长语法和标点符号的用法，那么网上有一些自由职业可以满足你对写作、编辑或校对的兴趣，同时还能赚钱。也许你在零售行业，你可以从自己不满意的鞋子部门转到化妆品部门，这可能更符合你的兴趣。如果你在金融领域工作，因为你是一个喜欢交际的人，那么你可以运用自己的技巧，努力成为一名财务顾问，这样你就可以每天与客户互动。

有很多方法可以实现你内心的愿望，同时还能赚到钱，而你只需要发挥一点创意。

选择职业，就选择了一种生活方式

你想要什么样的生活方式？例如，在人生的这个阶段，对你而言很重要的可能是能够自己灵活地安排工作时间。现在你可以通过很多方法在网上和应用程序上赚钱，而且你可以控制对方能否联系上你。从遛狗到平面设计，从家庭水疗和沙龙服务，再到为你所在城市的人跑腿或做杂工，任何事情都可以。

有时候，你目前的职业或工作是适合你的，但是需要做一些小的调整。当我接受培训成为一名酒精和药物滥用咨询师时，我要连续花好几个小时的时间写文档，同时我们被要求写出与病人互动的每一个细节。虽然这样做是很有道理的，但这与我预想的完全不同。尽管我知道这是一份重要的工作，但它与我的个性格格不入。所以我转变了职业方向，我从顾问变成了干预师。我很喜欢这份工作，但我不喜欢做文书工作，我喜欢和人打交道。这是我做出的最好决定，它让我走上了通往真实自我的正确道路，对此我非常感激。

当你找工作时，需要考虑的另一个重要方面是通勤。如果上班路上需要花几个小时，而且这影响到了你和家人的关系，那么你需要认真权衡对你来说什么才是重要的。想清楚自己是否需要找一份离家更近的工作，或者甚至考虑搬到离你的公司更近的地方。你不会希望家人对你的工作产生怨恨的感觉，如果这种情况继续下去，你就不得不减少和家人相处的时间。

记住，为了创造你想要的生活方式，你可以做出必要的改变。底线是你可能需要改变自己对工作的看法。工作不仅仅是为了赚钱，你也不需要害怕工作。你完全可以掌控并重新构建你的工作。应该让工作融入你真实的生活。一旦你真的相信这一点，事情就会朝着这个方向发展。

是工作的问题，还是你的问题？

你可能因为各种原因从事着你不喜欢的工作。我认为明智的做法是先看看你为什么不快乐。下面这份评估问卷我用过很多次，它可以帮助你想清楚自己是该换工作了，还是该以不同的面貌面对现在的工作。换句话说，需要改变的是工作，还是你的工作方法？

◎ 你不喜欢工作的哪些方面？

◎ 你认为换一份新工作之后，你的生活会变得好很多，你现在的大部分问题都会迎刃而解吗？

◎ 你在过去的工作中遇到过类似的问题吗？

◎ 相比你做过的其他工作，这份工作是否更让你觉得无法成为最佳自我？

◎ 相比在生活中做其他事情的时候，你在工作时对自己和生活的感觉是否更糟糕？

◎ 你刚开始做这份工作的时候，喜欢它的哪些方面？

◎ 你的最佳自我认为你应该如何对待这份工作？是尽快辞职，或是在工作中做出调整，还是与上司讨论你的担忧？

◎ 问题真的出在工作上吗？

如果最后一个问题你的答案为"不是"，那么你是不是认为问题出在自己身上，而不是你做过的工作上？例如，你经常顶撞老板吗？你是否因为同样的事情，比如迟到，不遵守公司的政策等，在不同的组织中一次又一次地受到惩罚？如果你能从不同的工作中发现同一类问题，你还会认为换了工作情况就会有所不同吗？或者，审视自己，思考自己为什么在工作中不断重复同样的行为，这样是否更有意义？

另一种可能是，你是否正试图在一个与你自身并不匹配的行业里工作？也许你目前所在行业的道德规范与真实的你并不一致，所以你一直处于认知失调的状态。比方说，如果你从事抵押贷款的工作，但你不太认同客户申请的一些贷款的理由，你可能会陷入某种道德困境。

如果你的情况是这样，那么解决方案可能是拓宽你的视野，考虑进入其他你可能感兴趣的行业。

另一方面，如果你因为没有接受过某种教育或缺少某些证书，无法在你工作的公司获得晋升，那么现在就是投资未来的好时机！如果你想重塑你与工作的关系，那么你就必须付诸行动。但从长远来看，这种努力是非常值得的。

还有一种可能性是，你喜欢你的工作，但不喜欢你的同事。如果你遇到的人行为不得体，或者在某种程度上让你的工作变得更难完成，那么我鼓励你和公司的人力资源部门进行一次谈话，依靠他们来帮助你解决和同事之间的问题。你可能在这个过程中发现，反自我人格的某些方面已经悄悄地渗透进了你的工作和生活。因为你有不安全感，你和同事之间出现了问题。始终保持开放的心态，愿意在任何工作冲突中承担自己的责任，这样你才能更有效地找到解决方案。

如果你做了详尽的调查，并得出结论，现在确实是该离开的时候了，那么首先你必须制订一个详细的计划。目前你有多少存款？你的经济状况能够承受离职期间的开支吗？如果不行，那么你需要制定一个目标，找到一份你认为能让你得到收获的新工作，然后遵照第 13 章的 7 个步骤来实现这个目标。

找一份新工作可能会让你感到很大压力，这可能也是你一直没有辞职的原因。但是，一旦你为找到理想的工作制定了策略，你就会觉得它更加触手可及。记住，你值得拥有一份符合真实自我的事业。不要低估自己，坚持不懈地发挥创造力，广开人脉。总有一天，当你回首往事时，你会为你所做的一切感到高兴。

海投简历比不上专注于技能匹配度

我们都曾失业过，失业是这个领域旅程中的一部分。如果你现在没有工作，或者你确定你已经准备好辞职，那么关键是不要在找工作的时候把积极性和效率混为一谈。

你把简历通过电子邮件发给几百名你在网上找到的招聘经理。这当然很不错，但是你需要付出额外的努力才能得到你想要的工作。这意味着要打电话跟进。与其打电话要求获得面试机会，不如先要求进行一次会面，从整体上交换一些信息，了解公司的需求，让他们知道你的技能与他们当前的需求在哪些方面是相匹配的。

如果你现在失业了，并且因为银行账户的余额不断变少或信用卡债务不断累积而感到很有压力，那么你需要每天花尽可能多的时间积极地找工作。每天早上起床，穿戴整齐，就好像你要去上班一样，然后花 8 个小时的时间寻找工作。我总是告诉我的客户要创建一个电子表格来跟踪他们联系过的所有公司，记录下联系人的姓名、电话号码和电子邮件。坚持这样做，直到你得到一份不错的工作。

如果你在经济方面陷入了困境，那就从事自由职业，打零工，或者通过兼职来维持生计，然后在休息时间继续找工作。如果你必须送比萨，在咖啡店工作，或者在客户呼叫中心接电话，那就去做吧。没有哪一份工作是不值得做的，这种想法纯粹来源于反自我。找一份完美的工作吧。真正的幸福是值得你为之奋斗的。

除了学习到如何在团队中工作，如何与公众打交道，以及如何与任何人交谈，我还发现了关于真实自我的一个重要事实：我永远无法在公司架构中茁壮成长。我们既要探索什么适合我们，也要知道什么不适合我们。把这些信息整合到一起，彻底改造你的工作领域。

顺带一提，我在塑造中心面试过成百上千名求职者，我最看重的是他们在面试前对我们公司做了多少研究。如果某个人没有对我们的设施和理念做过研究，那么他们如何能代表我们，如何了解他们的基本价值体系是否与我们的相匹配？下次你申请一份工作时，要对这家公司做尽可能多的了解。

晋升加薪的秘诀：率先提高团队生产力

为了确保自己能引起老板的注意，你能做的事情就是设身处地为老板着想。问问你自己，为了让业务更有效率地运作起来，老板可能需要什么。想想老板的首要目标和优先考虑的事情，以及你如何才能在实现这些目标的过程中扮演重要的角色。

说出来！把你的想法告诉他们，告诉他们可能遗漏了什么，或者你可以帮助他们解决什么问题。

要积极主动一些，不要仅仅因为自己是一名忠诚的员工，就指望每年都加薪。你应该把焦点放在公司。如果你们有年度绩效考核，那么把重点放在自己对工作方法的改进，以及超越职责范围的部分上，并提出新的想法和解决方案，作为增加收入或提高生产力的方法。没有什么想法是坏主意，即使你的 100 个想法中只有一个最终实现了，它也可能会改变公司和你未来的发展。

我总是为我团队的生产力和创造力所折服。但曾经有一些团队成员，他们更关注自己，而不是他们能为公司、客户、品牌和愿景做些什么。这样的员工得不到积极的关注，快速的晋升，或大幅度的加薪。而老板自然希望奖励那些有新想法、想解决问题，以及把团队作为导向的员工。让自己成为这样的员工吧！

回顾我的职业发展历程，我深深感激我的所有工作经历，有好的经历，当然也有令人厌恶的经历。我尝试过各种各样的工作，从调酒师到咖啡师，到五星级餐厅的服务员，再到足球裁判。我甚至还做过按小时计酬的兼职，比如拆除旧地板、粉刷墙壁等。我曾经在一间改造中心上夜班，我必须检查那些被判有罪以及等待审判的人的房间，对此我印象非常深刻。可以说，我的工作经历涉及方方面面。

我告诉过你，当我 22 岁的时候，我清醒了，重新开始我的生活。当时，我的家人切断了我的经济来源，我指的是真的切断了。我打算在 1 个月后回到纽约，但我不能。为了在当地的熟食店买一个三明治，我只能勉强度日，精打细算。

在那之前，我一直按自己的规则行事。坦白地说，我的规则不成熟也不专业。但在我做第一份工作时，我真的尽力做到最好。我学会了拖地、打扫，如何和人们打招呼。我想说的是：要攀登到顶峰没有容易的路可走，没有捷径可走。

在治疗中心工作的第一天，我的导师告诉我，"当你工作时，你必须成长，否则就是放弃。你要么在生活中进化，要么远离生活。这是你必须做出的选择。"直到今天，我仍然坚持着这条信念，永远处于"海绵模式"。无论你的工作是什么，从你周围的人那里汲取经验和信息，这样你才能不断成长为最佳自我。

你在工作领域中做到最佳自我了吗？
—— ◦ Employment ◦ ——

是时候盘点一下你的工作领域了。我们已经共同做了一些思考，希望你拥有了新的视角，能够诚实地回答这些问题。

第 1 部分：首先，给你的工作生活打分，分数范围为 1 ~ 10 分。"1"表示你意识到工作领域的情况非常糟糕，需要立即关注这个领域。"10"表示你对目前工作领域的状态相当满意，几乎没有改善的空间。在给自己打分时，你需要考虑工作领域的这些方面：

◎ 工作带给你的乐趣和回报。

◎ 工作为你的生活方式提供了多少经济支持？

◎ 你在工作中的人际关系。

◎ 与你生活的其他方面相比，你的工作安排有多平衡？

工作评分：＿＿＿＿＿＿（日期）＿＿＿＿＿＿分

第 2 部分：现在，列出一些对你的工作生活有益的行为，以及它们有益的原因。

例子：

◎ 我督促自己做好工作，但同时保持生活的平衡。

◎ 我觉得工作带给了我回报。

◎ 我鼓励工作场所的其他人，并在那里建立了积极的人际关系。

191

对我的工作有益的行为是:

_____ 为什么? _____

_____ 为什么? _____

_____ 为什么? _____

第 3 部分: 阻碍你在工作生活中获得想要的东西的行为是什么?

例子:

◎ 我在完成工作任务的时候,总是拖到最后一分钟才完成。

◎ 我是一个"工作狂",我会工作到很疲惫的状态,没有在工作和个人生活之间做好平衡。

◎ 由于我的竞争心或嫉妒心,我与同事之间的关系不太融洽。

对我的工作生活有害的行为有:

_____ 为什么? _____

_____ 为什么? _____

_____ 为什么? _____

第 4 部分: 基于你刚刚写下的一切,我想让你思考一下你需要做些什么,才能让你的生活领域上升到 10 分。你可以总结你需要**继续做**的行为,因为它们对你有用,也要总结你需要**停止做**的行为,因为它们阻碍着你获得想要的东西,另外还要总结你需要**开始做**的行为。

为了让我的工作生活达到 10 分，

我需要继续：_____

我需要停止：_____

我需要开始：_____

我相信，如果你在谋生的同时仍坚持自己的本真，生活会给你意想不到的惊喜。未来的日子将会很艰难，这是所有人都要面对的事实。但并非每一天都很艰难。如果你曾经热爱你的工作，但它变得平淡无奇，那么你可以选择重温你曾经热爱的部分，重新点燃内心的热情。在理想的情况下，工作应该让你感到充实和充满活力。

把为自己创造一份有意义的事业当成你的使命，这反映了你的最佳自我。可以是一些简单的调整，也可以是一次全面的工作改革，但要全身心投入这段旅程中，然后尽可能地享受这段旅程。每天都选择乐观地面对，事情就会开始朝着有意义的方向发展。

到目前为止，你已经走过了很多领域，但是旅程还没有结束！事实上，我们到目前为止讨论的所有事情，都指向了你生命中七个领域的最后一个：精神生活。你看，在每件事的背后，我们的工作、人际关系、教育，甚至我们的身体健康，都是我们的精神生活。在精神层面上，你是谁？你的精神生活对整体生活有哪些贡献和体现？这些都是我们下一章要探讨的重要问题。我很兴奋，希望你也一样！

第 11 章　Spiritual Development Life

做一个有精神性的人

相信自己应该感到满足，应该被善待，这意味着拥有一种富足，而不是匮乏的态度。

在这一章中，我们将深入探讨你的精神生活。我特意把这个领域留到最后一个来探讨，因为我觉得在探索这个领域之前，你首先要非常清楚地了解自己在其他领域的表现，这很重要。我相信你的精神生活构成了其他所有领域的基础。

让我们先给这里探讨的精神生活下定义。我相信我们的精神生活是生活中一切的基础。我认为你的最佳自我就是你的精神自我。你的精神自我是你内在的空间，所有的善良和光芒都从这里发散出来。在这里你形成了价值观，以及对待他人的方式。

根据我的经验，人们在忙碌的日常生活中往往会忽视他们的精神生活，然而当生活出现问题时，他们却会依靠自己的精神来面对这一切。当人们的世界被危机、恐惧、极度的后悔或任何不寻常的事情动摇时，信仰往往是他们寻求的坚实基础。我认为，与其等到我们的生活中有什么东西崩溃，不如始终与我们的精神自我保持连接。

不管你的信仰是什么，你的精神之旅都是独一无二的，每个人都有属于自己的进入精神世界的方式。我们家既会庆祝光明节 ①（Hanukkah），也会庆祝圣诞节，因为我妈妈是路德会教徒，爸爸是犹太教徒。现在，我选择通过像冥想、自我肯定，以及之前与你们分享的仪式，与我的精神自我建立连接。我不是在成长过程中学会了这些，而是随着时间的推移逐步发现的。这些方法都帮助我与我的精神自我保持一致，这是我性格的一个方面。

　　总体来说，当我独自一人的时候，我希望自己与他人之间是有连接的，而当我在精神上表达这一点的时候，我更喜欢独自一人。我当然也去教堂做过礼拜，参加过安息日晚宴等，我也明白，许多拥有相同信仰的人聚集成为一个团体，这具有很大的价值。但对我来说，当我进行精神修行时，我选择独处。这种习惯可能会随着时间的推移而改变，也可能保持不变，但我的态度是开放的！在这一章中，我们将探索你如何才能最好地与精神上的自己保持一致。

　　人们常常会完全拒绝精神上的探索。但我相信，我们都是拥有精神自我的个体，相比试图忽视你的精神自我，用一种适合自己的方式拥抱你的精神自我会更省精力。我想帮助你定义精神自我对你而言意味着什么，并弄清楚为什么你可能对它有所保留。

　　这一章我们要关注的核心问题是：你的最佳自我在多大程度上与你的信仰是一致的？在我眼中，信仰是相信某种你无法证明的东西，这是改变你生活最有力的方式之一。我也相信缺少实践的信仰是没有生命力的，我们需要采取行动，与自己的信仰保持一致。无论是从内在还是外在，把我们的时间、天赋和财富赠予他人。

---

① 犹太教节日。

在我眼中，信仰也可以把你在生活中真正想要的东西带到这个世界，然后你要相信它会回到你的身边。例如，大约七年前，我意识到我喜欢从事创意艺术方面的工作。我住在洛杉矶，这里有很多人想要"做成"这件事。因为我自己也想从事艺术工作，我开始想象那会是什么感觉，我能和哪种令人兴奋的人建立连接。我如何才能帮助其他人拥有更大的平台，这样他们就能向他们的数百万粉丝发出积极的、鼓舞人心的信息。最终，我把这些经历吸引到了我的生活中，因为我从内心深处相信，这就是我的命运，我相信它会发生。

我们的精神连接会出现，也会消失。生活会不断提醒我们，我们无法控制发生在我们身上的事情。在这个世界上，好事总比坏事多。你要么能够驾驭自由和爱的浪潮，要么就成为自己最糟糕的敌人。我们不是生来就注定要一个人过这种生活的。当音乐与你的灵魂对话时，当你感到自由时，当你找到真实而清晰的自己时，当你助人为乐时，你就是在经历一种精神上的体验。

我想和你们分享一个客户的故事，他曾在生活中面临一个具有挑战性的状况，他因此重新发现并再次与他的精神自我建立了连接。乍一看，这个故事似乎属于工作那一章，但我想让你看看精神自我如何能够对你所有的领域产生积极的影响。因为他学会了如何以新的方式，依靠自己的信仰，使整个生活都变得更好。

我们往往宁愿承受熟悉的痛苦

当亨利开始和我合作时，他在一家广告公司担任初级广告经理。

196

他已经在那里工作了四年。他通常第一个到公司，而且总是最后一个离开。他充满激情，渴望在一个艰难的行业中证明自己。

但亨利也非常谦虚，不像他的一些比较自负的同事，他不会到处吹嘘自己取得的成就，也从来不需要成为人们关注的焦点。他在一个大家庭里长大，作为长子，他承担了照顾年幼孩子的很多责任。然而，他很爱生命中的这一段经历，因为他的最佳自我是一个养育者，一个天生的看护者。他以自己的角色为乐，维持家庭的运转，让父母开心。

在他的职业生涯中，他非常擅长与客户一对一的合作。他会为客户制作美观而抓眼的广告，为他们提升品牌地位，并且让他们觉得自己在这个过程中起着不可或缺的作用。他让客户觉得有人在倾听自己。照顾人的倾向帮助他很快赢得了客户的信任，他们总是对亨利做出很高的评价。他真的有做这一行的天赋。

唐纳德是亨利所在广告公司的老板，最近他让继子龙尼接管了公司的大部分业务，这样他就可以离开公司，专注于一个新项目。因为唐纳德知道亨利非常善于和客户打交道，他就提拔亨利担任公司里一个更重要的职位。

亨利非常高兴，一夜之间，他成了业内最年轻的高管之一。亨利觉得他必须主动出击，因为这样的机会可能再也不会出现了。问题是龙尼对广告一窍不通，他觉得亨利威胁到了自己。他想独揽大权。他挪用公司的收入用于假期的奢侈生活，并向大客户索要更多的钱，破坏了交易。有几次，员工甚至目睹龙尼暴跳如雷，愤怒地把东西砸在办公室的墙上，把手机摔在地上。他还在办公室里喝酒，给女同事发色情短信。这家伙的生活一片混乱。

随着一切的发生，这家公司开始变得声名狼藉。亨利最大的客户之一终止了和他们之间的合作，并开始与一家新的广告代理公司合作。

几十年以来，这家大公司一直是亨利所在公司的忠实客户，亨利十分震惊。但他不知道的是，自己的老客户、那家公司的关键人物之一对新合作公司的广告主管介绍了亨利的情况，并要求他们设法挖走他，让他加入新公司，帮忙管理这个项目。

这对亨利来说将意味着一个巨大的飞跃，他将成为财富五百强公司的一员，拥有与之相匹配的高管级别的薪水和福利。但亨利并不知道这背后发生的一切，他错过了他们的电话。

当老板唐纳德询问员工们为何失去了这个大客户时，他相信了龙尼的说法，即亨利一直在偷懒，工作表现不佳。龙尼甚至编造了一个荒谬的指控，称亨利与客户的妻子有染。因此，唐纳德要求亨利挽回局面，找回失去的客户，并尽一切努力让公司恢复到以前的状态，实质上就是让龙尼看起来表现得很好。

亨利非常害怕自己永远不会再有一份这么好的工作，所以他接受了所有的指责，让一切就这样发生。他发誓要更加努力地工作，以吸引新的、更大的客户。

但他的身体开始反抗，他开始患上使人变得虚弱的恐慌症，而且他总是生病。他甚至开始因为压力而脱发。

"我不知道怎么做才能让情况好起来，"他说，"我能做的都做了，但有龙尼在，这场战斗太艰难了。"

"你告诉我你是个有信仰的人，你会上教堂。那么，你为这种情况祈祷过吗？"我们第一次见面时，我问亨利。

"我几乎一直在祈祷。我感觉自己处于一周七天，一天二十四个小时的祈祷模式，祈求上帝帮助我。"

"不过，在我看来，你不太相信这个问题能得到解决。"这句话正好击中了亨利的要害。我想他没有料到我会说出那样的话。

"这句话是什么意思？"

"嗯，在我看来，你在让公司里的人和事态操纵你、利用你。你似乎相信生活是发生在你身上的，而不是为了你而发生的。"

"我有什么别的选择呢？我不想回到以前。我得到了这个令人惊羡的头衔和机会来管理这家公司，我不能搞砸了。"

"你害怕吗？"

"害怕极了。"

接下来，我们一起做了反自我练习。亨利创造的角色是戴着手铐的亨利。他打了个比喻：做这份工作就是给自己戴上了手铐，让当权者随心所欲地对待他。他是同辈人中唯一一个拥有高职位的人，他非常害怕自己不值得拥有这样的职位，害怕自己再也不会有这么好的机会了。因为他的反自我如此强大，他实际上已经说服自己，在某种程度上他应该受到虐待和人格诋毁。

"如果现在其他人坐在你的位置上，关于那份恐惧，你会对他们说些什么呢？"他想了一会儿。

"要有信心。"

"有信心是什么样子？"

"暂时离开，不要试图控制一切，不要接受糟糕的环境"。

"其中的某些建议适用于你自己吗？"

"是的，绝对如此。"他开始改变坐姿，他坐得更直了，眼睛里好像又有了光彩，"我觉得自己就像一个为了一辆破旧的三轮车而打架的孩子。一定还有别的东西在等着我。"

戴着手铐的亨利一直在主导一切，因为恐惧已经根深蒂固。但当亨利脱下手铐，他开始相信，真正相信精神的力量。他相信除了这家小广告公司，还有更多的东西在等待着他，然后有趣的事情就开始发生了。两天后，他打电话给我，说他发现一封电子邮件不知怎么进入了他的垃圾箱。这封邮件是我之前提到的那家大型广告公司发给他的，他们想见见他。

显然，他错过了他们打来的两个电话。他太专注于尝试解决和控制他和龙尼之间的问题，以至于他甚至没有注意到他们发来的面试邀请的语音邮件。

后来他真的去了那家大型机构，然后他扩展了业务，创建了一个蓬勃发展的非营利组织。三年过去了，现在，每当我们谈起他生命中的那段时期，他都会说："我再也不会做戴手铐的亨利了，再也不会！从现在起，我要做自由的亨利！"

当我们与精神自我建立或重新建立连接，并依靠我们的信念，生活中就可能发生奇妙的事情。戴手铐的亨利阻止了好事发生，他试图控制亨利生活中的每一件事。他的双手被铐在背后，那样他永远也成不了什么事。当他摘下手铐，拥抱自己的信念，不再执着于控制，生活才开始为他而展开，而不是发生在他身上。

做一个有精神性的人意味着相信自己应该感到满足，应该被善待，而且这意味着拥有一种富足，而不是匮乏的态度。亨利为自己编造了一个虚假的故事，他相信，如果他反抗那些虐待他的雇主，他就会失去经营一家公司的唯一机会。他目光短浅、惶恐不安、疑神疑鬼，甚至愿意牺牲自己的幸福来换取虚假的安全感。

这是贯穿人类历史的共同主题，我们有一种方法，让自己蜷缩在看不见的盒子里，拒绝看到我们周围巨大的、丰富的可能性。伊斯兰学者鲁米（Rumi）写道："大门畅通无阻，为何不从牢房里走出来？"你这辈子有过这种感觉吗？就好像你被囚禁、被束缚，无法行动？就像你失去了所有的控制权，任由他人摆布？在那种时候，你可能没有意识到，那扇门其实是敞开着的。而你只需要做出决定，穿过它，走出来。

问问自己最佳自我会做什么？你的最佳自我总是在关注你，帮助你摆脱强加给自己的束缚。但这可能很难。一行禅师（Thích Nhất Hạnh）曾经说过："人们很难从痛苦中走出来。出于对未知的恐惧，他们更愿意承受熟悉的痛苦。"我认为这确实触及了问题的核心。

我们害怕选择与当前现实不同的东西，因为我们担心，如果情况变得更糟，那怎么办？这就是为什么我想帮助你逐步建立你的精神生活，消除你的恐惧，帮助你找到力量和勇气去面对未知。关于未知有一条惊人的事实，那就是它通常比你想象的要好得多。

如果你愿意一层一层剥开你的心

我想帮助你与你的精神自我建立连接。我想让你一层层剖析你所相信的一切，直抵你的精神中心。这里有一些技巧，可以帮助你以一种有意义的方式与你的精神自我建立连接。

1. 围绕你的精神自我创造一个目标

先决定你想在精神生活中实现什么。每个人的想法都会有所不同。举例来说，可能包括：每天进行冥想，找到一种可以和爱人分享的疗愈方式等。如果你有一个坚定的目标，你就更有可能成功。

2. 点燃你的精神火焰

现在有很多优质资料可以在精神层面上激励你。无论是生活中经历过奇迹或精神觉醒的人写的励志书，还是精神思想家或精神领袖写的有声书，你都能找到能与你产生共鸣的东西，用那些内容来充实你的精神。我们在社交媒体和娱乐上花了很多时间，而它们并不具有更深层的意义，所以努力寻找能让你精神振奋的内容吧！

3. 寻求安静

现在的生活是嘈杂的。关于降低生活中的噪声，我们已经探讨过很多。当你努力与自己的精神自我建立连接时，你要在自己的内心找到安静的状态。如果你和内心声音建立连接的方式是在你的客厅里播放摇滚音乐，并随之舞蹈，那就这样做吧。当你排除外界所有的噪声和影响时，内心会是平静的。

在生活中，当我们一直在寻找的答案上升到我们的意识层面，或者当我们拥有一个新的认识或以一种新的方式看待某样事物的时候，这种状态就会出现。

要想进入你头脑中那个安静的地方，你可以坐下来，说一些能让你产生积极共鸣的话语。例如，你可能在电影或电视里看到过人们会说几次"唵"①，或做一些吟唱，只专注于他们说这个词时发出的振动声，让所有其他的想法都慢下来，直到它们静止下来。

祈祷也可以帮助你让脑海中不断出现的想法平静下来。如果某一张照片或某一件艺术品能让你平静下来，那就找时间盯着它们看。每周至少让自己度过一段"安静"的时间，并把这作为优先考虑的事项。

4. 留意信号

持续睁开你的精神之眼和身体之眼，留意那些发送给你的信号。我有个朋友失去了她的狗，在那段时间，她为小狗哀悼，她一直在祈祷能得到内心的平静。一天下午，她看到客厅地板上有一道彩虹，彩虹的位置正好是她的狗常常在下午晒太阳的地方。她认为这是一个信号，所以她可以选择平静地接受这个事实。

另一种常见的精神信号叫作同步。这指的是你会反复听到相同的短语，或在许多地方看到同一个数字。生活不仅仅是你的日常活动，我们都是这个宇宙的一部分，它的存在与发展超出了我们的理解范围。从收音机里的一首歌，到陌生人对你说的话，再到大自然的美丽景色，如果它们打动了你，那么这一切都可以被看作是一种信号。你需要敞开你的心，接受它们。

要知道每个角落都有机会。对宇宙想给予你的礼物保持开放的心态，这样你就不会错过它们。如果当你在星巴克排队时有人愿意为你的咖啡买单，那就收下这份礼物吧！

---

① 唵：om，这一音节在印度教象征着精神的认识和力量。

敞开胸怀接受生活赐予我的礼物，是我这一生中做出的一个强有力的决定。如果我试图严格控制生活的方方面面那么我就会错过重要的时刻。我从来没有预测过生活会把我带到什么样的轨道上，我很感激我放手了，而且对我遇到的任何事情都保持开放的心态。

之前我告诉过自己我不会上电视节目，但当菲尔博士让我参与几集录制的时候，我答应了！因为我想也许从更宏大的角度看，这么做是有意义的。现在我已经在他的电视节目中出现过很多次，我知道我是对的。到处都有信号，如果你保持开放的态度，你将会在最意想不到的地方看到它们。

5. 承认精神的力量

当你变得更加专注于你的精神旅程时，如果你或你生活中的某个人遇到了一些积极的事情，那么把这件事和你一直在做的事情联系起来。不要把这归源于偶然或巧合。一定要意识到，你的精神生活将会以一种神奇又神秘的方式帮助你，使你感到更加满足。即使只是微小的改变、进步，以及看似无关紧要的快乐或平静的时刻，都是这段精神旅程的组成部分。

6. 与他人分享

与他人谈论你的精神之旅，并邀请他们与你分享他们的经历。这将丰富你的经验，同时激励他人。要意识到并不是每个人都愿意接受这种类型的讨论，所以如果某个人没有给予积极的回应，不要认为他们针对的是你这个人。他们只是还没准备好做这种分享，他们的旅程

和你一样独特。选择用你的精神之光照亮周围的世界，这样你自己的
生活也会被反射回来的光芒所照亮。

7. 让自己保持快乐

笑是内心喜悦的外在表现。我鼓励你在追求精神自我的过程中保
持玩乐的态度，开心地做这件事。要大笑，即使是在艰难的时刻也是
一样。即使在最艰难的日子里，我们也可以选择去做一些能带来快乐
的事情，和他人分享快乐。我们可以乘着这一波一波的满足感，战胜
生活中的挑战。

8. 让爱传出去

如果你伤害他人，以残忍或报复性的方式对待他人，仅仅是为了
帮助你或提升你的自尊，那么无论你祈祷多少次，你都不会得到回报。
我所说的"不会得到回报"指的是，你将无法活出最佳自我。糟糕地
对待他人就像是在自己的前进道路上设置了一个巨大的障碍。

发扬你的慷慨，设法与你周围的世界分享美好。如果你看到有人
过得很糟糕，就伸出援助之手。在你的社群中探索一些新的方法来帮
助那些有需要的人。问问你的朋友和家人，你能为他们做些什么。

心怀一种给予的态度面对这个世界，不一定是在经济上给予，还
有很多其他的方式可以奉献你自己。你可以分享自己的才能，你可以
给予自己时间。即使你希望从志愿者活动或慈善活动中得到一些什么，
但我知道你很快会明白，最好的礼物就在于付出本身。

9. 早间精神仪式

为了让自己和最佳自我保持一致，你想在早上的习惯中加入什么？也许你会花些时间阅读励志名言，或者你会早些醒来看日出？你会选择把这段时间用于祈祷吗？

祈祷的意义在于放下自己，允许一种更高的力量，宇宙或用任何我们喜欢的叫法来接管。我们做不到的，它能做到。我会从中得到极大的安慰。与此相反的是把所有的事情都扛在自己的肩上，试着独自面对困难，完全依靠自己。意识到我们并不知道所有的答案，这不是承认自己失败，而是宣告胜利。相信宇宙，相信一种精神性的存在是很难做到的。我们看不见，也不理解这种存在。但正是在交出控制权的过程中，我们找到了自由与平和。

了解你所处的位置，那之外便是无限的可能性

现在我们已经消化了一些关于精神性的想法。让我们暂停一下，这样你就可以反思你的精神生活现状。这将帮助你了解你所处的位置，并决定是否想做出任何调整。

◎ 对你来说，健康的精神生活是什么样的？

◎ 你有理由相信生活在帮助你吗？如果有，为什么？你什么时候开始这样相信的？如果没有，又是为什么？你对这种感觉最早的记忆是什么？

◎ 你的精神生活中有哪些方面满足了你，你是否希望这些方面更经常地出现在你的日常生活中？

◎ 在你的精神世界里，谁是你的精神导师，你信任谁？

◎ 你认为你成长的方式会影响你在精神方面的发展吗？你选择保留或去除哪些元素？如果你的精神生活中缺少某些东西，你愿意做些什么来把它带入你的精神生活？

◎ 你的精神生活中最佳自我的原则是什么？我的基本原则是：有耐心，理解别人，不担心，发挥灵感，感到自己是聪明和有创造性的，觉得我的生活拥有无限的可能性。

写下你的精神使命宣言

与你的精神自我保持紧密连接的一种方法是创建你的精神使命宣言。要创建精神使命宣言，你需要回顾一下自己在上面的练习中写下的原则，并把它们整理成一份行动导向的陈述。

以下是我的精神使命宣言：

> 我是一个乐于奉献、耐心、善解人意、聪明、无忧无虑的人。我每天都怀着一条基本的信念来面对生活，那就是一切皆有可能。我通过练习谦卑，对宇宙给予我的礼物保持开放的态度。我有目的地从意想不到的地方获得灵感，我有独特的创造力。我的目标和热情所在是帮助别人找到自由，成为最佳自我。

你的精神宣言肯定不一样。它可以很短，也可以很长，随着时间的推移会发生变化。所以你应该经常回顾自己的精神使命宣言，看看是否需要进行更新，就像是给它做一个整形手术。

你可以把它写下来，贴在冰箱上，画在画布上，挂在墙上，绣在枕头上。按照你的想法来展示它，让它时刻提醒你即使你把它贴在你的电脑显示器上或汽车的遮阳板上，也都是有用的!

你在精神生活领域中做到最佳自我了吗?
○ Spiritual Development Life ○

现在是时候决定你想要在精神分生活领域实现哪些目标了。以下这些问题将协助你进行思考。

第 1 部分：首先，给你的精神生活打分，分数范围为 1 ~ 10 分。"1"表示你意识到精神生活的情况非常糟糕，需要立即关注这个领域。"10"表示你认为目前自己的精神生活状况很好，几乎没有改善的空间。在给自己打分时，你需要考虑精神领域的这些方面：

◎ 你的精神生活发展情况如何?

◎ 如何运用你的精神力量来支持你追求最佳自我?

◎ 你感觉你的精神生活为自己带来了多少回报?

精神生活评分：_____（日期）_____分

第 2 部分：现在，列出一些对你的精神生活有益的行为及原因。

例子：

◎ 我经常冥想，我发现冥想能帮助我与真我保持一致。

◎ 我会做宗教或精神性方面的修行，做这些事能让我感到满足。

对我的精神生活有益的行为是：

_____ 为什么？ _____

_____ 为什么？ _____

_____ 为什么？ _____

第 3 部分：对你的精神生活有害的行为是什么？

例子：

◎ 我正在参加某种宗教活动，但它给我的感觉不真实，它不
　 能满足我。

◎ 过去的伤痛让我如此愤怒，以至于我无法参加任何精神活动。

对我的精神生活有害的行为有：

_____ 为什么？ _____

_____ 为什么？ _____

_____ 为什么？ _____

第 4 部分：基于你刚刚写下的一切，我想让你思考一下你需要做
些什么，才能让你生活的这个领域的评分上升到 10 分。

你可以总结你需要继续做的行为，因为它们对你有用，也要总结你需要停止做的行为，因为它们阻碍着你获得想要的东西，另外还要总结你需要开始做的行为。

为了让我的精神生活达到 10 分，

我需要继续：_____

我需要停止：_____

我需要开始：_____

就像蜡烛燃烧不能没有火一样，人活着也不能没有精神生活，我深信这一点。我相信，如果没有充满活力的精神生活，你就无法成为最佳自我。精神生活的形式可能各不相同，它可能是瑜伽练习、冥想、祈祷。任何精神实践都拥有一个基础和一条信念，那就是除了我们还有很多人做这些实践，这些实践对你是有好处的。而且你要相信，虽然你看不到，但美丽的事物和美好的事情将会到来。

我们已经探讨完全部的七个领域，祝贺你！现在，我们将利用你收集到的关于自己的所有重要数据，根据你想对各个领域做出的调整、改变甚至彻底改造，来计划你的行动路线。本书的最后几章非常注重行动。我见证过许多客户和朋友成功地运用了这些工具，当你在生活中运用它们时，你会立即看到积极的结果。

第 12 章 Best Team

有哪些人将陪你度过漫长岁月？

我们不需要像一座孤岛那样生活，也不需要继续维系任何对你有伤害的关系。

我们身边的人会对我们生活中所有的领域带来巨大的影响。任何一位成功人士都会告诉你，如果他们独自一人，是不可能取得如此成就的。华特·迪士尼不是独自一人创造出了他的帝国。史蒂夫·乔布斯不是独自一人创造出了苹果品牌。马丁·路德·金不是独自一人点燃了民权运动，你也不是完全靠自己创造出了现在的生活。虽然有时我们会觉得自己孤独地生活着，但事实并非如此。

我们这个时代的丰富性、深刻性和复杂性，源于我们与他人之间的关系。不论我们是否意识到了这一点，我们都处于这个世界的连接中。我相信我们可以而且应该努力提升彼此对这个世界的经验，互相学习对方的视角，开放地给予和接受每个人愿意分享的奇妙礼物。相比独自一人，我们在一起时可以取得大得多的成就。

毫无疑问，在我们的生活中，我们与他人建立过许多不同类型的关系。但在我们进一步讨论之前，我想做一个重要的区分。并不是所有和你有关系的人都应该在你的"团队"里，我也会把它称为你的"小圈子"。你的团队由你有意选择的个人组成，因为在他们身边时你可以更容易、更自然地做最佳自我。他们激励你，你也激励他们，你和他们之间的关系是积极的。

我们将具体探讨如何评估和选择自己的团队，与体育团队不同，你生活中的团队不仅仅是为了赢，更是为了一起享受这段旅程。你和你的团队应该在前进中一起不断成长。

我再怎么强调这一章的重要性也不为过。与我共事过的每一位客户都告诉我，在分析了他们的团队之后，他们能够做出改变或增加一些人选，这极大地改善了他们的生活。这样做的目的是在你周围建立一个团队，激励你成为最佳自我。我们通常不会花时间去评估身边的所有人，我们可能不会过多地考虑"团队"的概念，直到我们陷入危机，需要依靠他人的力量来帮助我们渡过难关。

在生活中，你可能没有花时间真正关注过你身边的团队。其中一个原因是，你不相信自己真的值得拥有他人的支持，不相信这些人会在你的生活中扮演重要的角色。因为你相信你在生活中的主要功能是帮助、支持和服务他人。

也许你已经变成了一座孤岛，独自漂浮，与世隔绝。如果是这样的话，那么我要提醒你，你的最佳自我认为你应该拥有一个很棒的团队。你必须能够从你的团队获得力量、知识和帮助。

你的团队可能像一扇旋转门，你不断地把人们带进来，然后当他们让你失望、伤害你，或者以某种方式不公正地对待你时，你再把他们赶出去。这可能是一种危险的模式。当你阅读这一章的时候，请记住，拥有一个团队并不是要把你的问题归咎于团队中的某个人，相反，你需要在生活的各个领域内，通过你的最佳自我来解决你的问题。

并非你一人支撑着你的世界运转

　　跟着这本书，我们已经做了一些工作，你已经利用"最佳自我"模型和七个领域看到了你的生活中哪些领域是协调一致的，哪些领域被忽视了，或者运转功能失调了。在这一章中，我们将对你生活中的人做一个全面的盘点。我们将看到你应该让谁更多地参与到你的生活中，你可能想要远离谁，或者只是以微妙的方式改变你们之间的关系。如果之前你没有以最佳自我面对团队中的每个人，那么我们会先尝试做到这一点，然后我们会看看他们的优缺点，再做出一些决定。

　　你处于自己生命的中心。在这个和谐的星系中，你的伴侣、孩子、其他家人、亲密的朋友、重要的熟人、同事等人围绕着你旋转。你的星系有多大并不重要，但每个领域中都应该有支持你的人。我曾与一些拥有非常庞大团队的人共事过，他们承受着巨大的压力。他们需要缩小他们的星系。我也曾与团队规模较小的人共事过，他们发现自己需要得到更多的支持。通过这一章的练习，我们希望找到一个独特的团队，让你的生活实现最好的平衡。

　　随着时间的推移，新的人会出现在你的轨道上，其他一些人会从你的轨道上消失。人们来来去去的原因有很多，从地理上的变化、职业的变化、心理的变化，到顿悟、新发现的热情、去世等。也许有些人你认识很多年了，但你只会偶尔见到他们。不管怎么样，你会在某个时候继续发展你们的友谊。你的邻居中可能有可以帮忙的朋友，你也可能有几个这样的朋友，如果有紧急情况，你可以在半夜打电话给他们，他们就会赶过来帮你的忙。

还有一些人你并不十分了解，但你需要他们提供专业服务，比如你的发型师、按摩师、私人教练、营养师等。你的生活中还有一些人，你和他们交往有不同的理由，比如和你一起运动，帮助你保持活力的朋友或者一起参加读书俱乐部的人。我们在生活中都有自己独特的团队，我们想确定他们是否都在帮助你成为最佳自我。

和你一起把人生打磨成宝石

我想让你记住一件事，你是其他人团队中的关键人物。他们很幸运拥有你这名队员，因为你在努力做最佳自我。在我看来，正在探索最佳自我的人是一颗真正的宝石。所以，当你分析你的团队时，想想自己在别人生活中扮演的角色，以及你如何才能不断成长。我们将更深入地探讨互惠的概念，但是我想让你早点注意到它。

一开始，让我们从七个领域的角度来看看你的团队。有一些人很有可能同时属于几个类别。这完全没问题，我们只需要弄清楚你的生活是什么样的，什么事情对你最有益，以及现在可能最好不要做什么。

我记得不久前我和我的朋友亚历克西丝谈到过她和发型师之间出现了一个问题。当你想到自己的团队时，你的发型师可能不会第一个出现在你的脑海中。

但对亚历克西丝来说，她的发型师辛迪在她生活中所起的作用远不止为她做发型。她和辛迪认识了将近 20 年，在此期间，她们成了非常亲密的朋友。她们都离过婚，都为对方提供过很多帮助,在对方遇到困难的时候给对方一个依靠的肩膀。

但亚历克西丝开始注意到辛迪做发型时变得很马虎,当亚历克西丝要求她给自己换个发色或剪个更好的发型时,辛迪还是没达到她的要求。辛迪忙着谈论自己的生活,而不是做发型,以至于有时候亚历克西丝会带着一些颜色奇怪的发丝和参差不齐的刘海离开沙龙。

最后,亚历克西丝受够了。她知道自己必须找一个新的发型师,但她也知道这就像是往辛迪的心上插了一把刀。她不想背着辛迪偷偷摸摸地到别的地方去做发型,所以她直面现实,约辛迪一起出去吃晚饭。

她们像往常一样边笑边聊,然后亚历克西丝直接说了出来:"辛迪,我把你当成姐姐一样,我希望我们永远是朋友。但是,我不再喜欢你给我做的发型了,我想另外找一个发型师。我很抱歉,恳请你理解。"

亚历克西丝继续说道:"我知道你是一名发型艺术家,你很有天赋。我只是觉得我们的友谊有点妨碍你帮我做发型。我很珍惜我们的友谊,所以让我们做朋友吧!"

辛迪当然很难过,但她也被亚历克西丝的话打动了,最后她回答说:"谢谢你对我说实话。我无法想象不再帮你做发型了,但只要你保证我们还能经常见面。不过我知道没有人能像我一样打理好你的卷发!我打赌你很快就会回来找我!"她们笑着拥抱在一起。亚历克西丝成功地把辛迪从她团队的一个部门转移到了另一个部门。

你可以这样看待你在各个领域内的队友：

社交生活：从和你一起参加社交活动的朋友，到你信任的最亲密的知己。他们会和你一起出去娱乐，或者邀请你去他们家一起度过一个安静的夜晚，做一些你喜欢的事情。

个人生活：在你的个人生活领域里，你的队友是那些帮助你从外表到内心都感觉很好的人。这些人会让你看起来更漂亮，比如你的发型师或美甲师。但这个群体也包括那些你可以与之进行亲密对话的人，比如治疗师、导师或咨询师。

健康：在这个领域里，你的队友可以是全科医生或专家。他们可以是预防医学、营养学、按摩治疗等方面的专业医生。在你的身体健康领域，如果你相信一个人提出的建议，那么他就是你的团队成员。你的私人教练或健身伙伴也属于这个类别。

教育：在这个类别中，你的队友包括老师、职业导师、公众人物，以及任何可以激发你的兴趣和求知欲的人。可以是你每天听的播客主持人，也可以是你最喜欢的励志演说家。我们总是在学习，希望你的生活中会有人为你带来激励你的新知识。

人际关系：这个领域里的队员是传统意义上和你拥有亲密关系的人：家庭成员、恋人、父母、兄弟姐妹、姻亲、配偶或伴侣、约会对象。其中有一些人可能不值得信任，或者你们之间的关系可能已经破裂，但他们仍然因为家庭责任出现在你的生活中。

工作：这个领域里的队员是你在工作中与之密切合作的人，包括你的老板和下属，也包括那些为你提供理财建议的人。

精神生活：精神领域的团队成员是帮助你与自己的精神性保持连接，或引导你更好地与最佳自我保持一致的人。

仔细审视"团队"的一个原因是，这些人可以成为你的责任伙伴。我不知听别人说过多少次"我只是没有时间做我真正想做的事情。"但如果你的"团队"在关注你，他们就可以帮助你摆脱自己的惯性，完成任何你想做的事情。你并不是孤身一人。

审视"团队"的另一个原因是，如果你的生活中即将出现一个危机，预先准备是至关重要的。例如，在加利福尼亚，我们都准备了地震工具包。这些工具包里有所有需要用到的工具，以防我们无法轻易获得干净的水和食物，或者身体受伤。

把你的团队想象成一个地震工具包。当你需要快速做出反应的时候，它就在那里，这样你就会感觉危机像是生活中一个短暂的停顿，而不是世界末日。危机的形式和规模可能各不相同，你的团队越完备，你就越有能力应对遇到的任何事情。

我已经指导成百上千个人审视了他们七个生活领域中的团队，每一次他们都发现需要对自己的团队做一些调整。如果你感觉任何一段人际关系有点复杂或麻烦，那么我建议你浏览一下价值观列表。可能你和那个人的价值观存在一些根本上的差异，这是一个重要的起点。

我花了很多时间仔细分析我生活中的人际关系，确保我的团队和我一起成长。在我的七个领域中，我都拥有专家和知己，他们是我的思维伙伴。我将与你分享我辨别、分析、评估和组织团队的过程，以帮助你成为最佳自我。

在我眼中，团队是一个活生生的有机体。就像生活中的任何事情一样，你投入的越多，得到的就越多。因此，在这一章中，让我们记住要从互惠的角度来看待你的团队。我们的目标是对你的团队进行评估和设计，使你们能在成为最佳自我的过程中相互支持。

你的一些队友可能是某方面的专家，你会依靠他们获得准确的信息或策略。其他人可能只是非常了解你，知道你的喜好，因为他们认识你很久了，他们"懂你的点"。这些关系都是很珍贵的，都值得你去欣赏和感恩。

同样重要的是，要认识到并承认，你允许进入自己小圈子的其中一些人可能并不符合这些标准。可能有些人际关系对你有不好的影响，或者至少是不平衡的。在这个过程中，我们也在努力发现这些情况。

你的圈子里可能有人经常把你引向错误的方向，有人给你带来了不好的影响，鼓励你沉溺于你的恶习，有人激发出了你的反自我，有人不断地从你这里索取但很少回报，有的人甚至是一个破坏者。但我仍然希望你能暂时把他们当成自己的团队成员。

现在是时候按照不同的领域组织你的团队成员了。如果有一个人同时属于几个类别，那么把他的名字写在每一个所属的类别下。

社交生活：＿＿＿＿＿＿＿＿＿＿＿＿＿＿＿＿＿＿＿＿＿＿＿

评分：＿＿＿＿＿＿＿＿

个人生活：＿＿＿＿＿＿＿＿＿＿＿＿＿＿＿＿＿＿＿＿＿＿＿

评分：＿＿＿＿＿＿＿＿

健康：＿＿＿＿＿＿＿＿＿＿＿＿＿＿＿＿＿＿＿＿

评分：＿＿＿＿＿＿＿＿

教育：＿＿＿＿＿＿＿＿＿＿＿＿＿＿＿＿＿＿＿＿

评分：＿＿＿＿＿＿＿＿

人际关系：＿＿＿＿＿＿＿＿＿＿＿＿＿＿＿＿＿＿

评分：＿＿＿＿＿＿＿＿

工作：＿＿＿＿＿＿＿＿＿＿＿＿＿＿＿＿＿＿＿＿

评分：＿＿＿＿＿＿＿＿

精神生活：＿＿＿＿＿＿＿＿＿＿＿＿＿＿＿＿＿＿

评分：＿＿＿＿＿＿＿＿

总有人等着你邀请他一起并肩作战

接下来，我希望你给各个领域的团队打分。分数范围是 1 到 10 分，1 分代表这是一个非常差劲的团队，不能给你带来满足或需要的东西，10 分代表这是一个顶尖的团队，团结到让你觉得那个领域里你不再需要其他任何人。在每个领域的下面都有一条评分线。现在把分数填进去。

看了各个领域团队的得分，你很容易发现自己的生活中有什么失去了平衡。如果你觉得某个领域的团队存在不足，这说明你已经辨认出了一个需求。你可以专注于满足这种需求。如果有一个类别里没有人，或者你目前依赖的人给予你的帮助还不够多，提供的价值还不够大，那么你可以开始考虑谁可能更适合成为这个领域的团队成员。

你不可能给每个领域的团队都打满分 10 分，所以，现在我想让你问问最佳自我，各个领域的满分团队是什么样的。这个团队将如何运作？在每个团队中，你首先会找谁帮忙？在每个领域中，什么会让你觉得自己好像获得了最适合的支持？

我心目中的满分团队是这样的：

1. 社交生活：_____

2. 个人生活：_____

3. 健康：_____

4. 教育：_____

5. 人际关系：_____

6. 工作：_____

7. 精神生活：_____

如果你不确定自己眼中的满分团队是什么样子的，不要担心。这是一个过程，你正在树立这方面的意识。你越有这方面的意识，就会变得越开放。你对于接触一些帮助你做最佳自我的人态度越开放，就会有越多的机会遇到这样的人。

我的朋友克里斯蒂娜正在为她的儿子找一个保姆，因为她计划在短暂的产假结束后回去工作。她想找一个自己能把她当成家人的保姆，她希望这个保姆非常诚实和值得信赖，会爱她的孩子，但也会为他划定适当的界限。她知道这个要求很高，但她不会妥协。

一天吃午饭时，她和一位好朋友谈起这件事。她说："我感觉适合的人会出现，当我在网上浏览保姆服务时，我更希望有人会把符合要求的人推荐给我。"她朋友的眼睛突然亮了起来，她说："你知道吗？我想我认识这样的一个人。这听起来有点疯狂，因为她从来没有当过保姆，但她有三个成年的孩子和两个孙辈。她是我见过的最可爱、最关心别人的女性。她在市中心的一家'血汗工厂'①工作，日子过得很艰难。你应该见见她！"

第二个星期，克里斯蒂娜和这位女士见了面。她和丈夫立刻同意，这位女士就是他们在找的人，尽管她没有接受过任何正规的培训，但她是一个善良、慈爱、充满爱心的女人，会很好地照顾他们的儿子。那是四年前的事了，现在她每周仍会在他们家工作五天。她一直是他们家的一位重要团队成员，是他们儿子的完美保姆，这个小家伙说她是自己最好的朋友。克里斯蒂娜愿意抓住可能出现的任何机会，正因为如此，她以最意想不到的方式找到了一名队友。

当我和客户一起做这项练习时，他们总是会意识到自己需要把某个人移出团队，要么是因为这些人不再可靠，索取的比给予的多，而且不为他们的最大利益着想；要么是因为这些人不像以前那么正直了。

---

① 工作条件恶劣且工资低的小工厂。

我们会经历不同的人生阶段，有时候一个人在某一段时间里适合做我们的团队成员，但是随着我们的成长，会发现这个人不再适合做自己团队的成员了。那么，是时候让自己面对这个残酷的事实了。如果你仅仅因为想避免冲突而和一个人保持亲近的关系，那么我强烈建议你找到一种方法，悄悄地把他们移出你的团队。

几年前，有一个朋友在我的信任圈内，但随着时间的推移，我发现我在为他的消极行为找借口。他对我撒过几次谎，并且在制订计划方面不可靠。他的行为表明他不够尊重我们之间的关系。他在成长的过程中有过很多痛苦的经历，所以我很同情他，但即使我们就他的行为进行了讨论，我还是发现他没有任何变化。我付出了很多，但没有得到相应的回报，所以我们的友谊不存在互惠。

尽管我很喜欢和这个朋友在一起，但我发现，当我权衡利弊时，我再也不能信任他。这并不意味着我们需要戏剧性地争吵，或永远分道扬镳，只是我意识到他并不适合我的团队。要做出这些选择并不总是那么容易，但它们很重要。你的时间和精力太宝贵了，不能花在一个没有回馈的人身上。

真正关心你的人，怎么会看不见真实的你？

现在，你已经确定了目前的团队成员并将他们进行了分类，那么就让我们深挖一下，问自己一些关于他们的问题。

◎ 当你面临新的挑战时，谁能做一个客观的思考伙伴？我是这样定义思考伙伴的:他们会根据你的性格帮助你思考问题,他们不会告诉你需要做什么,而是帮助你找到答案。

◎ 你的团队成员之间有什么共同点吗? 这些相似之处告诉了你关于自己的什么?

在你的生活中,谁鼓励你做最佳自我? 在你的生活中,谁触发了你的反自我? 是否有这样的队友,在他们身边时,你必须不断审视自己,不能说出自己的真实想法?

◎ 谁把你的最大利益放在心上,而不是只顾着做自己的事?
◎ 你的团队中是否有人在操纵你或以某种方式利用你?
◎ 你是否试图控制或操纵某个人,以得到你想要的东西?
◎ 有没有哪个队友阻碍你前进或者给你捣乱?
◎ 你的队友是否让你充满激情,让你对生活兴奋不已,并激发了你的创造性思维?

这些问题可能会让你开始思考,迫使你提出一些问题。切实地花一些时间去探索你的团队。如果你在这个过程中发现,在你的小圈子里确实有一些人,在他们身边时,你无法做最佳自我,或者他们没有兑现自己的承诺,那么重新评估一下你们之间的关系。当有人向你展示了他们的真实自我,你应该相信他们,并采取相应的行动。

我明白,当你面对家庭成员时,这些问题可能会显得有些残酷。我们不能选择自己出生在哪个家庭,但仅仅因为他们是血亲,并不意味着我们需要让他们伤害我们，或者从我们这里不断地索取。如果你的家人没有帮助你做最佳自我，你可以想办法尽量减少和他们接触。你不需要出于责任感，而继续维系任何对你有伤害的关系。

爱的互惠：你有没有给别人带来快乐？

现在让我们从另一个重要的角度来考察你的团队。让我们确保你有回报自己名单上的每一个人。问问你自己：我在为他们提供什么？保持平衡是关键，你可以通过我所说的"爱的互惠"来做到这一点。这是一个基本的概念，但它很容易被忽视。在人际关系方面，你付出的至少要和收获的一样多。

问问自己你有没有给别人带来快乐？上一次你故意做一些让朋友开心的事情是什么时候？也许是最近，那很好。如果没有，那也没关系，我当然不是想让你感到内疚。我知道，我们很容易被日常生活的需求湮没，而忽略了向我们周围的人传播快乐和爱具有非常强大的力量。如果现在你在生活中没有做任何特别的事情，那么我强烈建议你花一些时间为你关心的人做些什么。

如果你像照料花园一样照料你的团队，它就会茁壮成长。如果你总是期望从你的团队中得到些什么，但是你却一点也不关心你的团队，那么它就不能发挥最大的功能。在前进的过程中，你要明白，你只要为身边的团队付出一点点，就会收获很多。

就我个人而言，我喜欢帮助愿意付出的人互相建立联系。我喜欢介绍志同道合的人互相认识，他们可以在各自的旅程中以某种方式互相帮助。这是你回馈团队的一种方式。一定要问你的团队他们想要什么或需要什么，这样你就可以为他们提供相应的支持。

你不会读心术，他们也不会。所以你们都需要询问对方，自己能为对方做些什么。

信任和期待放一旁，良好的化学反应优先

和大多数人一样，你拥有几个你觉得可以完全信任的朋友。对于另外一些人，在某些方面你可能会信任他们，但不会完全信任。

可能有一些人出于某些原因会出现在你的生活中，但你故意与他们保持一定的距离。其他一些人处于你宇宙的外圈里，平时你会密切关注他们。最后，对于一些人，你可能希望永远不要见到他们或听到他们的消息，你无法信任他们，而且你知道他们会伤害你。

你信任目前你的所有团队成员吗？记住，熟悉不意味着信任。菲尔博士常说，我们永远不应该不加怀疑地接纳任何一个人。如果你允许某些人进入你的核心团队，因为其他人为他们做了担保，或者他们是你朋友的朋友，但他们实际上没有向你证明过他们是值得信任的。那么我恳求你保持高度警惕，不要盲目地相信任何人。这不是多疑或妄想，这只是最基本的考虑。

就像你不会马上对一个人做最坏的打算，你也不应该那么快就对他们做最好的打算。让他们用行动告诉你他们是什么样的，而不是设立不切实际的期望。

事实上，如果你对别人怀有期望，那么之后往往会心生怨恨。因

为如果某个人没有向你展示过自己真正的样子，你怎么知道自己应该对他们怀有什么样的期望呢？例如，我经常使用汽车服务应用程序。我发现自己希望来接我的车是干净的，希望司机不会把音乐开到最高音量，希望他们会帮我取放行李。但我经常感到失望。

自从我降低了自己的期望，我对自己得到的汽车服务感到满意多了。现在我常常会感到惊喜而不是恼怒。期望人们按照你的标准做你认为合适的事情是行不通的，因为每个人的标准和观念都不同。

为了帮助你评估团队的可信度和你对团队的期望，你可以问一问自己以下这些简单的问题，针对每个人的情况进行回答，这样你就可以客观地对他们做出评价。用"是"或"否"回答下列问题：

◎ 你能指望这个人在约定的时间出现，不出任何状况或找任何借口吗？

◎ 当这个人告诉你某件事将要发生，这件事真的会发生吗？

◎ 当这个人描述一段对话或一件事时，它通常和其他人向你描述的同一段对话或同一件事相符吗？

◎ 据你所知，这个人是否曾经对别人撒过谎，或者认为你会为了他撒谎——他会在撒谎和诚实中选择前者吗？

◎ 据你所知，这个人是否曾经为了避免与他人发生冲突而隐瞒重要的信息？

◎ 你是否曾注意到这个人做过任何虚伪的行为？比如，当别人做某些事情的时候，他／她会评判对方，但他／她自己也做这样的事情。

◎ 这个人会为自己的行为找借口而不是大方承认吗？

◎ 这个人是否一直很忠诚？

根据你的答案，现在你可以调整自己对团队中某些人的期望。有些人永远不会守时，所以，你不应该请他们送你去机场或去机场接你。但是，当你需要别人诚实地对待你，或者在你需要的时候给你一个可以依靠的肩膀，那个人也许可以做到。了解队友的能力和局限性将帮助你明确自己可以从谁那里获得什么样的帮助。

我曾经有一个客户，她说先把信任和期望放到一边，对她来说最重要的是她和她的团队有良好的化学反应。实际上，她团队中有些人不擅长落实行动，所以她不得不稍微降低对某些人的期望，但她并不介意。底线和关键是，要知道人们真实的样子，只期待他们做能力范围之内的事情，这样你就不会失望，也不会让自己走向注定的失败。

化学反应是两个人之间无形的联系。可能出于很多原因，你们是最不可能的一对搭档，但你们在某个特定的领域里配合得非常好。娱乐圈人士尤其倾向于把化学反应看得比其他任何东西都重要。

如果你和某个人有化学反应，你会觉得很有安全感，可以做到很开放。例如，你可能和约会对象之间产生了奇妙的化学反应，但如果你们的价值观不一致，你们很可能会遇到麻烦。或者你和同事或合作者可能在一个项目上有很好的化学反应，这很好。

但要知道这个人是一个好的合作者，但不一定也是一个好朋友。你要记住，要持续了解团队成员，知道你需要他们做什么，你可以期待他们做什么，以及你最看重每个人的什么。

你无尽的灵感源泉

正如你所看到的，你在生活的各个领域里与最佳自我建立真正的连接，而你的团队是其中一个重要的方面。但还不止这些，它拥有更深层的意义。如果你选择和那些能激励你、令你振奋、启发你的人一起度过你的人生，你可能会发现自己比以往任何时候都更加能推动自己朝着积极的方向前进。

你的团队，或至少你的一些队友，应该成为你无尽的灵感源泉。你的生活中应该有一些人鼓励你尝试新事物，勇敢地走出你的舒适区。你们应该能够自由地交流有趣的想法。与团队中的一些或所有成员在一起时，你应该感到安全，敢于探索你的想象力，朝着目标前进，磨炼你的艺术。记住，我们都是艺术家，你的团队应该帮助你辨认和提升自己的艺术形式。

你的团队拥有的独特品质、观点和想法也应该令你感到兴奋，这是一种更高层次的快乐，或者说是对生活的激情。理想情况下，他们应该会在你灵魂深处激起一些你无法解释的东西，或者让你觉得外面有一整个世界等待着你去探索。

也许他们中的一些人在生活中做着激动人心的事情，或者他们已经完成了一些你所钦佩和渴望自己去做的事情。这些都是你的队友应该具有的令人惊奇的品质。

我们都在不断地学习新信息，你的团队也应该教你一些新东西。你和你的团队应该通过各种方式互相启发。借助团队的力量开拓你的视野，只有你的想象力才能限制你能做什么，能去哪些地方。

正如我在本章开头所提到的，我们不需要像一座孤岛那样生活。人与人之间的相互联系是生活中奇妙事物的源泉。你的团队可以帮助你在各个领域茁壮成长，可以丰富和深化你的经验。去体验一个优秀的团队所能提供的力量吧！

第 13 章 Best Self Goals

人生苦短，前进吧！

不要再等待了，你在这个世界上的角色比你想象的更加重要。

现在你已经彻底审视了生活中的每一个领域，是时候制定一些切实可行的目标，帮助你从生活中获得你想要的、需要的和应得的一切。现在是关键时刻，是时候改变你的生活了。

终极目标：真实而持久的幸福

回顾一下你对每个领域做过的评估，然后写下你目前的评分，以及每个领域里你最关注的事情（见表 13.1）。如果你知道自己需要处理一段人际关系，那么就把它写在人际关系那一栏中。如果你需要定期锻炼，更重视自己的健康，那么就把这一点写在健康这一栏。接下来，思考一下每个领域内团队的情况。你需要针对每个领域，围绕着改进团队来制定目标。下面的图表将帮助你组织好你的想法。

我们将利用你收集的关于想要对哪些地方做出改进的数据，然后用七个步骤将这些信息转化为实际的目标。我希望通过这个过程，把你的希望、梦想和愿望变成现实。我鼓励你抓住这个机会，坚持到底，因为你的新生活就在这七个步骤的另一边等着你。

表 13.1　你的七个领域评分及团队评分

领域	领域评分	团队评分
社交生活		
个人生活		
健康		
教育		
人际关系		
工作		
精神生活		

现在是时候检视一下你的最佳自我了，确保你的每一个目标都与你的真实自我相符。你内心那块积极的、充满阳光的地方应该为你提供实现目标的动力，这份动力反映了你改善生活的热切愿望。

当你思考自己在生活的各个领域里想要什么时，确保这些真的是你的愿望。有时我们认为我们想要某样东西，是因为我们生活中的人都拥有它，或者是因为社会说我们应该想要它，或者是因为它会让我们生活中的某个人快乐。但这些都不是真正的愿望。当你做这项练习的时候，审视一下自己，确保你的愿望来自你的最佳自我。

如果你正在考虑做一个新的尝试，但它与你的真实自我并不匹配，那就调整一下，找一个与之相似的目标。我相信，为了实现而实现，并不能真正起到积极的作用。让我们确保你一直在关注自己所做一切的终极目标——真实而持久的幸福。

第 1 步：用具体的事件或行为定义你的目标

这似乎是显而易见的，但了解你真正想要的是什么，只是得到它的第一步。你必须用一种特定的方式定义你想要实现的目标。例如，你不能只是想要一种情绪，比方说把目标设定为感到快乐，这就太模糊了。如果你用具体的事件或行为来陈述你的目标，你就离实现目标更近一步。

如果你想在生活中获得更多的快乐，你必须首先定义什么能让你更快乐。假设和朋友一起旅行能让你感到快乐，你可以用具体的事件或行为来定义你的目标："我的目标是计划和朋友一起组织旅行，并为它攒钱。"这样你就把一个模糊的概念，即变得快乐，转变成了一个具体的目标。

在实现目标的过程中，这第一步绝对可以改变游戏规则。如果你曾经觉得自己拥有的力量不足以实现目标，那么真正的问题可能是你没有正确地定义它。任何取得过伟大成就的人都能够宣称自己取得了胜利，因为他们首先把自己的目标命名为胜利。所以，在你的人生地图上确定一个目标，然后开始行动。

第 2 步：用可测量的方式说出你的目标

实现目标的第二步是用可测量的方式表达目标。这样，你就能确定自己已经走到了哪一步，就能知道自己什么时候能成功实现目标。例如，如果你的目标是清理家里的杂物，让自己的生活变得更高效、更平和，那么你打算清理哪几个房间或哪几个壁橱呢？你要把它们

232

一一列出来。比如，你可以说你想打扫整理你的衣橱、主卧室和车库。现在你的目标是可测量的，你有三个空间要清理。你会知道自己何时实现了目标，那时候这些空间将变得整洁有序。

第 3 步：选择一个你能控制的目标

生活中有些事情是我们能控制的，也有一些事情是我们无法控制的。如果你的目标超出了你的控制范围，那么它对你而言就是没有价值的。追逐一个我们无法控制的目标是徒劳的，只会让你感到绝望，让你注定失败。说到底，我们能控制的真的只有自己。

你只能控制自己的行动，这意味着你不能依赖其他人的行动来帮助你实现目标。你掌控着自己的人生。

第 4 步：计划和制定一条能帮助你实现目标的策略

制定一条实现目标的具体策略是激动人心的，因为存在着无限的可能性，而且你会知道什么做法适合你。你还需要考虑会有哪些障碍阻挡你前进，并制定克服它们的策略。当你为实现目标制定策略时，你需要考虑到自己所处的环境、所做的时间安排和需要承担的责任。

我在客户实现目标的过程中看到了一个陷阱，那就是他们对自己想要实现的目标过于兴奋，以至于情绪高涨，相信自己的意志力会带领他们走向成功。这个想法是错误的。人们很容易对一个新任务感到兴奋，但当这种兴奋开始消退时会发生什么呢？我们很容易偏离航向。我不希望这种事发生在你身上，所以当务之急是制定策略。

制定的策略越清晰，你就越不容易偏离它。规划好你的每一天，

做好实现目标所需要的一切准备，这会给你带来积极的动力。假设你
计划在六个月内跑完半程马拉松，现在你就可以在网上找到各种非常
详细的训练计划，来帮助你做好跑 13.1 英里 ① 的身心准备。选择一个符
合你生活方式的训练计划，然后规划你的路线。

　　计划好你要在每周的哪天跑步、做伸展、做力量训练、冥想和其
他活动。你可以根据跑步路线的环境购买合适的衣服和鞋子，提前做
好准备。如果在你执行训练计划期间，碰上了为期一周的假期，那么
你要思考一下自己在度假的时候如何继续这个计划，这样你就不会偏
离轨道。规划要精确到每一个细节，确定你为了实现这个目标具体需
要做些什么，然后让自己忙碌起来。

第 5 步：分步骤定义你的目标

　　生活中的重大变化是一步一步发生的。让我们确保你知道为了实
现目标自己需要采取的所有步骤。你肯定不想半途而废。所以在开始
之前，把你需要走的每一步都写下来。

　　例如，减肥是一个很普遍的目标。我们都知道，无论我们怀有多
大的希望，它都不会在一夜之间实现。为了减肥，我们必须采取一些
步骤。我们必须从一开始就清晰地定义这些步骤是什么，这样我们就
可以随时参考它，知道我们走到了哪一步，以及还需要做些什么。

　　让我们继续探讨减肥的例子，假设为了减肥，你选择遵循原始
人饮食法 ②，并且承诺每周四天，每天锻炼 45 分钟。那么你的具体步

---

① 13.1 英里约为 21.1 千米。
① 食用的都是旧石器时代就已经出现的食物，不经过任何的化学加工。

骤是：为了成功实现我的目标，重新整理我的厨房，拿走所有不利于减肥的食物和饮料，摆满能帮助我减肥的食物，制订每周的饮食计划，每个周末都准备好食物，这样我就不会吃得过量了，另外安排好去健身房的时间，这样我就没有借口不去锻炼了。

第 6 步：为你的目标制定一个时间表

你有没有注意到，如果没有完成任务的压力，自己有多容易拖延？例如，有些人会让家里的物品变得有点凌乱，直到有人来家里做客，才开始整理屋子。我认识很多人，他们会拖延到最后一刻才开始为考试做准备。

时间限制的力量是不可否认的，相比没有明确的期限，如果截止日期迫近，我们更有可能完成工作。这是人的本性。

我们已经知道，当存在一个截止日期时，我们更有可能完成一些事情，所以为实现目标确定一个截止日期是很有道理的。它会给我们带来一种紧迫感和使命感，激励我们坚持下去。

这一步对我们的要求不仅仅是设定实现目标的截止日期。它要求我们为实现目标的所有步骤制定一个时间表。比如，假设你的目标是考取某张证书，可能这需要你参加 20 个小时的实践培训。如果你知道每周自己可以抽出 4 个小时来参加培训，那么你可以在日历上确定一个日期，从现在开始，在 5 周内完成培训。如果今天是 8 月 10 日，那么你将在 9 月 14 日前完成培训。

更具体地说，如果你知道你可以在周五参加培训，那么你可以在 8 月 10 日到 9 月 14 日之间的每个周五，为这项工作安排 4 个小时的时间。这样做，你就锁定了你的时间表。把你实现每个小目标的时间节点填写在下面，这将帮助你对实现目标保持责任心。

想想看，你可以看着日历，圈出自己实现目标的日期，这是多么神奇啊！这具有强大的力量！一旦你实现了目标，就可以回头看看自己努力的证据，看看你是如何做到的。确切地说，预言自己什么时候能够做到。

第 7 步：为实现你的目标建立问责制

在这套经过时间考验的方法中，实现目标的最后一步是建立问责制。在上一章中，我们对你的团队进行了微调，现在是让团队行动起来的绝佳机会。把实现目标的具体计划告诉他们，然后请他们帮助你保持责任心，在这个过程中定期向那个人或那些人汇报。如果你不这样做，将会产生实际的后果。通过建立这种问责制，你可以降低自己懈怠、拖延或放弃的可能性。

制订一个具体的、可实现的计划

我相信我们所有人的内心深处都有梦想和愿望。当它进入我们的意识层面时，我们会本能地把它往下压，把它推到视野之外，忽略它们。为什么会这样？因为相比承认它，或者把它添加到我们越来越长的待办事项列表中，这样做要容易得多。

我们会想：哦，总有一天我会做到的。总有一天，那天到底是什么时候？什么时候你才会最终相信内心的渴望？是时候让你的梦想成真了。不要再等待了，人生苦短，你在这个世界上的角色比你想象的更加重要。

这一章会包含很多行动的内容，但要采取这些行动的是你。施展魔法的时间到了，你将把"总有一天"变成一周中的几天。现在，你将为你的梦想注入生命。

你已经迈出了重要的一步，那就是关注自己，阅读这本书。现在是时候行动起来了！你已经发现了最佳自我，并且用这个视角审视了你生活的每个角落和缝隙。任何花时间和精力去做这件事的人都已经准备好了要做出改变。让自己变得更好，直到永远。

即使在这一刻你觉得这些目标高不可攀，也把它们写下来。不论过去这些目标让你觉得有多么望而生畏，或者你已经有过多少次失败的尝试，都把它们写下来。不论你是否完全相信自己应该拥有这些目标，都把它们写下来。即使它们还没有完全成形，即使你只在内心和自己这样悄悄说过，也把它们写下来（见表 13.2）。

表 13.2　你在七个领域里想要实现的目标

领域	领域目标	团队目标
社交生活		
个人生活		
健康		
教育		
人际关系		
工作		
精神生活		

这个过程会触及你的内心，让你变得脆弱，告诉你内心深处有哪些愿望、希望和渴望。记住，描述是实现它们必不可少的第一步。

我建议你把评分最低的领域作为努力实现的第一个目标，因为这是最迫切需要你关注的领域。用下面的工作表来计划你将如何实现这个目标，以及如何继续实现所有其他的目标。这是一个非常有用的工具，所以好好利用它吧！

第 1 步：用具体的事件或行为定义你的目标

我的目标是：

_____

第 2 步：用可测量的方式说出你的目标

用可测量的方式来说，我的目标是：

_____

第 3 步：选择一个你能控制的目标

你的目标是可控的吗？　是的 / 不是

如果不是，换一个你可以控制的目标，然后把它写下来。

我的可控目标是：

_____

第 4 步：计划和制定一条能帮助你实现目标的策略

为了实现目标，我的具体策略是：

_____

第 5 步：分步骤定义你的目标

为了实现我的目标，我需要采取这些步骤：

_____

第 6 步：为你的目标制定一个时间表

实现目标的时间表

截止日期：_____

其他时间节点：_____

第 7 步：为实现你的目标建立问责制

在努力实现这一目标的过程中，我的责任伙伴是：_____

我将在以下日期向我的责任伙伴汇报：

_____

不向责任伙伴汇报的后果是：_____

　　为了帮助你更好地理解这个过程，我会给你举两个客户的例子。他们看到了自己领域内的需求，并围绕这些需求制定了目标，最终取得了巨大的成功。

　　玛格丽特花了非常多的时间和精力建立了一份成功的事业，创造了她想要的家庭生活方式。但她完全忽略了她的精神生活领域。她与自己的精神生活缺少连接，这使她生活的其他方面都产生了严重的问题。她很容易对孩子们生气，对同事也很不耐烦，甚至她的丈夫晚上会去另一间卧室睡觉。

　　她还发现自己会对陌生人发火，比如餐馆的服务员或在杂货店排队的人。这些不理智的行为根本不像是她会做的。当我们第一次交谈时，她不明白事情是怎么发展到这个地步的。但有一件事她很确定，她很害怕，如果她继续这样下去，她为之努力奋斗的一切都会付诸东流。

　　随着我们深入交谈，她意识到问题出在她的精神生活领域。过去她经常参加公益活动，热衷于回馈社群，但慢慢地，她不再参加这些活动了，而是专注于发展事业和照顾家庭。为了让自己回到正轨，她知道自己必须在这个领域制定一些目标。

　　我们审视了她现在的团队，她立刻发现自己的精神团队人数很有限。她知道她的生活中需要有更多和她志同道合的人，这样她就可以和他们交谈，向他们学习，共同成长。因此，她制定了一个具体的、可测量的、可控的目标，即找到三个新人加入她的精神团队。接下来，她计划和制定了一项策略，并且每周参加两次志愿活动，每次两个小时，以结识更多的人，同时回馈社群。

　　而且她还会带着女儿一起参加，女儿会在这个过程中体验到快乐和辛苦，受益良多。她创建了步骤，她将在下周四参加志愿者会议，然后看看什么时候需要她和女儿提供服务。她也制定了一个时间表，她知道自己想在 90 天内让自己的精神团队增加三个人。她决定让一个曾经和她一起做公益的朋友成为她的责任伙伴。在这个过程中，她不仅和女儿走得更近了，她的丈夫也加入了进来。她努力实现自己的目标，这给她的生活和团队带来了积极的影响。

另一个例子是莫里斯。他知道，因为自己吃得太多，尤其是在晚上，健康受到了损害。因此，他制定了一个具体的、可测量的、可控的目标，那就是在晚上 9 点之后停止进食。他的策略是把晚餐时间从下午 6 点挪到晚上 7 点半，这样睡前他就不会觉得饿得难受，并且他决定早点上床睡觉，以及提前准备好饭菜，这样他就知道自己将吃些什么。

他想在两周内养成这个习惯，所以他在日历上确定了一个开始的日期。他在公司找了一个朋友帮助他保持责任心，他知道这个朋友遵循着严格的饮食计划，他们同意每周互发三次短信来督促他执行计划。

计划开始大约两个月后，他向我做了汇报。他做得很好，已经减掉了 6 千克，而且精力更加充沛，他的医生对他取得的进步也非常满意。我问他，与他以前试图改善健康状况的时候相比，这一次有什么不同。他说，关键是要选择一个具体的、可实现的目标，并写下他需要遵循的步骤。他看到自己越成功，就越有动力继续执行他的计划。

正如你所看到的，一旦你决定这样做，那么通过遵循七个步骤和创建一条策略，你就可以快速地勾勒出实现目标的计划。

时间（最宝贵的资产）+ 努力（活在当下）= 结果

虽然你只是想在自己的生活和家庭中占据主动权，但你可能会感觉自己成了世界上最忙碌的人。或者你可能倾向于过多地承担社会责任，而不考虑你所承诺或试图完成的事情是否会让你感到满足。如果你机械地度过每一天，很快你就会失去与真实自我的连接，被时间表所奴役，而不是活在当下。

我不是在建议你停止洗衣服、上班或去杂货店购物，为了保持健康、卫生和喂饱自己，你必须做某些事情。我只是想让你意识到这样一个事实：如果你没有时常进行一些有目的的反省，有一天你可能会意识到，你把所有的时间都花在了那些对你的生活大局并不重要的事情上。更糟的是，这些事情都无法令你激动或兴奋。你从来没有感到充满活力、激情澎湃或积极地实现你的人生目标，你只是走走过场。

我的朋友，这并不是你来到这个世界上的原因。如果你对这种令人郁闷的情况有一点点熟悉，那么请继续往下读，因为我们马上就会让这列失控的火车步入正轨。

让我们仔细看看你的日常安排。做这项练习是为了让你看到自己是如何，以及在哪里度过你的大部分时间的。我想让你写下，关于你如何度过一个典型的工作日。把你平时每个小时做的事情一件一件地写下来，根据你的作息安排来写，写得越细致越好。此外，如果你在做兼职工作，而且在非工作时间有其他事情要做，导致你的每个工作日安排都不同，那么你可以写下好几天的安排。

每一天的所有细节都很重要，因为稍后我们将一起有目的地安排你的每一天。我希望你能认真、诚实地对待这项练习，以下是一些可供参考的问题：

◎ 在你通常睁开眼睛的时间旁边写下"醒来"，然后写下你醒来后做的第一件事。你会花 15 分钟时间浏览社交媒体吗？你会打五次瞌睡吗？你会去叫醒你的孩子吗？还是会直奔厨房喝咖啡？这些有关"如何迎接新的一天"的细节很重要。

◎ 诚实面对自己。撒谎没有任何好处！如果你把时间花在了一些你并不引以为豪的事情上，比如晚上 10 点狼吞虎咽地吃冰激凌，沉溺于某种不恰当的关系，那就把它写下来。只有你会看到这些内容！

早上 6 点：_____

......

上午 10 点：_____

......

下午 4 点：_____

......

晚上 12 点：_____

现在让我们看看你的周末。你的周末通常是什么样的？你睡懒觉吗？去看电影吗？还是和朋友一起吃饭？把你会做的事情写在下面。

早上 6 点：_____

……

上午 10 点：_____

……

下午 4 点：_____

……

晚上 12 点：_____

花点时间看看你的日程表，要明白这是你之前的情况。因为你只能根据自己投入的时间来预期结果，所以根据你目前的日程表，我们更容易看到你可能会得到什么样的结果。

我将以学习一门新语言为例，如果你把原本可以用来学习的时间用来追最新的热门电视剧，或者浏览你的社交媒体页面，那么你不会在这方面取得任何进步。但是，如果你花时间听那种语言的有声书，或者和说这门语言的人来往，你就会把这门语言说得越来越流利。

记住这个公式：时间 + 努力 = 结果。

如果你想改变自己的生活，你就必须改变你的时间分配方式。让我们回答一些更具体的问题：

你大部分时间都在做什么？

_____

你对自己花了很多宝贵时间做的事情感觉如何？

_____

总体来说，你写下的感觉是积极的还是消极的？

如果你是消极的，那么你必须找到一种方法，用能给你带来积极感觉的活动代替现在的活动。你的最佳自我会如何处理这种情况？

假设在阅读本书后，你已经意识到，是时候结束一段随着时间的推移而变得对你不利的关系了。当你回顾自己的日常安排时，也许你已经注意到，你们在一起的时候常常会争吵，或者在一起时，你对自己或自己的生活感觉不太好。所以，你要做的第一件事就是选择在双方都很冷静的时候，在一个不会令双方激动的场所进行讨论。根据你们的具体情况，你可能会确定这段关系需要结束，或者你可能愿意对你们之间的问题进行讨论，看看是否有办法解决。

无论情况如何，重点是要花时间和这个人交谈。然后，在你们本应该一起度过，但往往会出现消极结果的时间里，做一些积极的、激励自己的、可以从中学习的事情等。如果你利用这段时间来冥想，或者保持安静和独处，那你是明智的。你需要给自己空间和时间来疗愈这段关系带给你的伤害。

在某些情况下，你对自己的时间安排有一种消极的感觉，不是因为你花时间做了某件事，而是因为你对这件事感到恐惧。如果是这样的话，我们就来谈谈如何克服这种恐惧。我发现有时候我们需要的是一个新的视角，而不是一个全新的环境。换句话说，我们可能需要转变自己的观念，如果我们决定放下恐惧，这种转变就有可能发生。

现在，想想你希望自己有更多时间去做，却很少出现在你日程表上的事情。也许你希望花更多的时间在户外散步来改善你的健康状况，或者花更多的时间阅读激励你的书籍，或者学习一门新的语言。想想你一直对别人说的话，像是"我很喜欢写日记，但我就是没有时间"，或者"我希望我是一个会做健康餐的妈妈，但我总是因为太忙而叫外卖"。也许你知道自己需要更多的睡眠，因为你总是感到很疲惫，但你依然每天晚上熬夜上网，浏览你的社交媒体页面。

如果你希望自己可以花更多时间做某件事情，那么把它写下来：

———————————————————————————

回顾一下你目前的日程安排，你是否觉得能腾出时间做你想做的事情？在回答这个问题之前，仔细考虑一下自己是否可以做一些改变。比如，你是否明明可以花两个小时的时间去做自己热爱的事情，但却看了三个小时的电视？或者你觉得自己能早起半小时到一小时吗？

现在，写下你认为可以在哪些时间段做现在并没有在做的事情：

———————————————————————————

今天，在你即将形成的日程表上留出一段时间来做你一直想做的事情，即使只有 15 分钟也可以。这将证明你可以为自己喜欢的事情腾出时间。如果你真的深入探索了自己的生活并完成了整项练习，那么恭喜你自己，这是创造梦想生活重要的第一步。

菲尔博士强调要在句子中使用动词，我完全同意。动词是行动词语，为了改变，我们必须采取行动。我正在指导一些客户，很明显他们不愿意采取行动。我可以尝试一些不同的策略，但如果他们坚持已见，我会建议他们重新找一位教练。不是我不想帮助他们，而是因为我知道如果他们不采取行动，他们的生活将永远不会发生真正的改变。

这项练习目的之一，在于帮助你学习如何改变你的优先级，并开始做出某种行为，走向成功。要真正了解你的优先级，毫无疑问，就要看看你把你最有价值的资产——你的时间，花在了哪里。现在你已经了解过自己是如何分配时间的，你会知道是否需要做出改变。

时间是我们这一生中唯一不可再生的资源。当人们说"我希望我能把那 30 分钟重新活一遍"时，他们当然是在开玩笑。但这句话是有道理的，对吧？当我们浪费时间的时候，我们失去了一些珍贵的东西。不论生活有多忙，我们都需要腾出时间来过我们真正想要的生活。

花时间发现关于自己的真相，设计你想要的生活是非常值得的。当你走到生命尽头时，你不会说"真希望我能花更多的时间在社交媒体上看别人的照片"，或者"真希望我能多工作一点"，或者"真希望我能去更多的酒吧"。当我们的生命沙漏只剩最后几粒沙子时，我们会希望自己多做一些和自己的热情与目标更加相关的事情。现在优先做重要的事情，这样以后你就不会后悔。

只考虑今天该做什么

实现目标应该成为你追求的一种生活方式。"最佳自我"模型不会进化到某个状态，然后就停止。我希望在阅读本书的过程中，你能发现最佳自我处于不断进化的状态。这意味着你需要定期评估你的各个领域，不断发现新的领域，并创造和实现新的目标。

也许你的某些目标很小，很简单。你觉得实现它们不需要制作一份工作表或者完成大量的练习。也可能你准备同时实现几个大目标，那么你绝对需要做好详尽的计划，这样你才能保证自己走在正轨上。无论情况如何，我希望你永远不要说"我需要做些什么"，你可以明确地指出自己在实现目标的时间表上处于哪个位置，实现目标的截止日期又是哪一天。不要再说总有一天。只考虑今天自己要做些什么！

做你自己，即使你只有他们说的一半好，

你也已经很棒了！

如约定的那样，早上 7 点整，一辆黑色 SUV 停在了我家门口。我拿起包，走到外面，跳进车里。司机戴着帽子，面带微笑。路上，我把这本书又翻了一遍，这大概是第 100 遍了。每次浏览这本书的时候，我都会看到一些之前没有注意到的东西。我和整个团队一起审阅了它。和我一样，他们对如此之多的关键信息感到印象深刻。

当我们穿过这座城市，早晨的交通状况开始好转时，我脑海里的声音开始变得越来越响，怀疑也悄然而至。它们像乒乓球一样在我的脑袋里弹来弹去，我在想"我是不是带了太多衣服""如果我不擅长做这个怎么办"，还有"我有做这个的资质吗"。我正在走进一个全新的世界。我一直是个幕后工作者，但这种情况即将改变。当时，我身处于一个完全陌生的领域，我的不安全感抬起了它丑陋的小脑袋。

我继续问自己，在这种情况下，我能给公众带来什么，我够格吗？

然后我突然有个念头。过去，我的脑海里就总是播放这些旧的"磁带"，就像很久之前电梯里播放的音乐一样。这对于我来说是一个新领域吗？是国内和国际所有媒体的同类平台中最具有影响力的一个吗？收视率不会说谎，多年来，《菲尔博士秀》一直统治着这个领域，而且优势越来越明显。美国国会经常邀请他与两党委员会就精神健康问题进行磋商！他是世界上最著名的心理健康专家。

然后我想到：他邀请我参加节目！我没有请求他，是他邀请了我！我开始回顾他在许多人失败的领域所取得的无与伦比的成功。他的热度超高却邀请了我，而不是邀请他遇到的成千上万个专家中的某一位。现在是时候更多地实践我所宣扬的观念，承认我有很多东西可以奉献给别人。如果谦逊让你否认自己的天赋和使命，那么就过犹不及了。突然，我注意到车子后座的空间变大了。为什么呢？因为我坐得更直了。当我的内心对话改变时，我的肢体语言也随之改变了！它们相互影响，为我提供了动力。

"你紧张吗？"司机问道，让我从深刻的自省回到现实。

"你知道吗，我真的很紧张，但现在我只感到很兴奋。我在想，'让教练上吧，开始训练！我准备好了。'"

"做你自己，即使你只有他们说的一半好，你也已经很棒了。"他笑了，我也笑了。我的消极想法早已烟消云散。

"这个建议很棒，谢谢你。"他点了点头，我思考了一下这句简单的话。它真的适用于生活中的任何一种情况。做你自己，你的最佳自我。我们都需要时不时地从自己和他人那里得到这样的提醒。

我们拐进了梅尔罗斯大街（Melrose Avenue）。在车速慢下来的时候，我合上活页夹，做了一个深呼吸。我们进入了好莱坞最具历史意义的大门。我在想，我拥有多么好的一个机会。我不是利用这个强大的"娱乐综合体"娱乐大众，而是可以教育、激励公众，促使改变发生。也许这是我第一次真正理解了"最高的且最佳的使用"（highest and best use）^①这个短语的含义。我们的车停在了 29 号舞台的正前方，那是一个像仓库那么大的巨型摄影棚。我谢过司机，下了车。

我遇到一位面带灿烂笑容的女士，首先问她洗手间在哪里。今天我的仪式尤其重要。她带我去了一间老式的洗手间，里面有满满一长排老式的隔间。我又想起了我第一次完成这项练习的情景。我希望我不必总是在公共洗手间里做这件事。如果有人走进来怎么办？

好吧。

我走进去，放下包，跪在水池和镜子前。我闭上眼睛，做了一个深呼吸，感到内心一片宁静。我默默地进行自我肯定，对自己说：你本就应该在这里，放手做你自己。然后我站起来，看着镜子，大声说道："这与你无关。"我转过身，走出门去，感觉自己很强大，很专注，一心只想在接下来的一天里展现出最佳自我。

当工作人员帮我做好发型，化好妆，带我换好衣服之后，我就站在一旁看着显示器。我知道，这是一个很好的机会，让我可以做自己喜欢的事，帮助人们找到内心的答案，发现并成为最佳自我。

人生是一段旅程，你的旅程并不在你的掌控之中。当然，除非你紧密地监控着它。当你这样做的时候，你难免会遭受痛苦。它会拖着你走，直到你最终放手。

① 在不动产估价中，指对该土地或建筑物的使用能够在给定时间内带来最大经济回报。

明亮的灯光，满座的观众，七台巨大的电视摄像机，舞台周围放满了《菲尔博士秀》的标识。当我看着坐在我对面的嘉宾的眼睛时，这一切似乎都消失在了背景中。我让他做了一些练习，帮助他和最佳自我建立连接。到了这个环节的尾声，他似乎取得了突破。

我很荣幸后来菲尔博士又邀请我上了两次节目。这些都出乎我的意料，也不是我刻意追求或者梦想着要实现的。当你和最佳自我保持连接的时候，这些事情就会发生，生活会给你带来惊喜。我第三次上节目后，菲尔博士邀请我去他的办公室。他问我："你觉得怎么样？"

"你指的是什么？"我说道。

"你认为我们能帮到他们吗？我们似乎已经为他们找到了一些好的解决方案。"

"我同意，这一集将为很多家庭带来非常好的建议。"

"你和他们一起做了一项完美的练习，它真的很有效。"听到菲尔博士这么说，我的感觉很奇妙。我没有说谎。

"你知道你需要做什么吗？"他说道，"你需要写一本书。"

"一本书？"

"是的，一个月前你就应该写了。"菲尔博士毫不讳言。当他有了一个计划，他就会直接说出来。

"我该写些什么呢？"

"你可以谈一谈最佳自我，真实自我，以及你的那些练习。这很有用，能给人们带来帮助。"他说道。

"好的！我会马上着手去做的。"

这个项目就这样开始了。我从来没想过要写一本书，这不是我的目标。但现在我完成了这本书，对此我非常感恩。它让我走出了自己的舒适区，以新的方式为我带来了挑战，并且迫使我取得进步。它教会了我如何做自己，更好的自己。

我不比你好，也不比你差，我们都走在旅途中。我所学到的是，我们的过去无关紧要，我们未来是不可预测的。这一刻可以成为你生命中重要的时刻，要么成长，要么衰亡。选择成长，生活就会以超出你想象的方式向你敞开大门。通过与最佳自我保持连接，学会如何淋漓尽致地生活。现在就开始，直到永远。

致谢

BEST SELF

首先,我要感谢我在总督街出版社(Dey Street Books)和哈珀·柯林斯出版社(Harper Collins Publishers)的出色团队——林恩·格雷迪(lynn Grady)、肯德拉·牛顿(Kendra Newton)、海迪·里克特(Heidi Richter)、肖恩·纽科特(Sean Newcott)、凯尔·威尔逊(Kell Wilson)、本杰明·斯坦伯格(Benjamin Steinberg)、安德烈亚·莫利托(Andrea Molitor)、尼亚麦基·瓦利亚亚(Nyamekye Waliyaya)和珍妮·雷娜(Jeanne Reina)。从我们见面的那一刻起,我就知道你们是我想合作的出版人。特别要感谢我的编辑卡丽·桑顿(Carrie Thornton),对于作家来说,她是最好的合作者。

感谢杜普里米勒(Dupree Miller)的简·米勒(Jan Miller)和莱西·林奇(Lacy Lynch)。简,你激励着我尽可能写出一本好书。在你的鞭策下,这本书比原来的样子好了许多。

罗宾·麦格劳(Robin McGraw),谢谢你愿意与我分享残酷而诚实的反馈,这绝对让我变得更好了。我将永远保留你给我的便条。

菲尔·麦格劳博士,我还能说些什么?谢谢你做我的教练和导师。

你让我对慷慨有了全新的认识和理解。

菲尔·麦金太尔（Phil McIntyre），谢谢你成为我亲爱的朋友和知己。你和珊达（Shonda）是美好家庭的典范。你鼓舞了我。

感谢杰伊·格莱泽（Jay Glazer）和他坚不可摧的表演团队，你们把我塑造成了现在这个样子。因为有你们，我才有精力按照疯狂的时间表完成这本书。杰伊，你的忠诚无与伦比，我很感激你的友谊。

我要感谢我的大哥戴维（David）和他的妻子卡萝尔（Carol），谢谢你们花了几个小时坐在我的沙发上，谈论我们的童年，我们的旅程，并督促彼此变得更好。感谢你加入我的核心团队。

谢谢你，詹妮弗·洛佩兹（Jennifer Lopez），你教会了我人与人之间的化学反应、无条件的爱，以及不懈追求你想要的东西是什么样子。

乔·乔纳斯（Joe Jonas），你是我喜欢和艺人合作的原因。你拥有我所敬仰的艺术家的所有品质：善良、体贴和无私。感谢你的支持。

感谢莉萨·克拉克（Lisa Clark），你是最优秀的思考伙伴。你让我体会到了和一个真正聪明的人来往是什么感觉，你也让我看到了一个人是可能成为"万事通"和"多面手"的。

感谢汤姆·沃瑟曼（Tom Wasserman）和萝宾·沃瑟曼（Robyn Wasserman），当我在努力创造疗愈和过上更美好生活的方法时，他们一直鼓励、支持着我。感谢塑造中心的团队，谢谢你们信任我。

最后，我想谢谢我的最佳自我，默林。让我们继续施展魔法，过我们应该过的生活。

《奇迹公式》

[美]哈尔·埃尔罗德　著

王正林　译

定价：59.80元

《早起的奇迹》作者全新力作
风靡世界的个人成长图书

事实上，各行各业的成就者一直都在践行"奇迹公式"，即坚定不移的信念＋非同常人的努力＝改变人生的奇迹！但普通人却难以坚持。如何才能正确理解并持续执行这两个决定，使你的"可能"变为"必然"？哈尔分享了重要的经验：

- 利用每个具体的、可衡量的目标培养"奇迹专家"的品质；
- 调整人生优先级，建立"使命安全网"，为梦想保驾护航；
- 不再让"非理性恐惧"和"缺乏耐心"扼杀创造力；
- 定期复盘和调整，更新"自我肯定宣言"，确保能够坚持到底。

每一天都创造奇迹
让你的目标从"可能实现"到"必然成真"

GRAND CHINA

中 资 海 派 图 书

《早起的奇迹：有钱人早晨
8 点前都在干什么？》

[美]哈尔·埃尔罗德　　大卫·奥斯本
霍诺丽·科德　著

曹烨　译

定价：62.00元

当别人都在沉睡
而你却在用每个"神奇的早起"创造财富！

　　成为有钱人的真正秘密不在于能做多少事，而在于能做出多少改变。在《早起的奇迹：有钱人早晨 8 点前都在干什么？》这本书中，哈尔将与知名企业家、财富建设顾问大卫·奥斯本一起为你解答有钱人如何将"神奇的早起"利用到极致，从而不断创造财富奇迹。

- 你会发现早晨和财富之间不可否认的联系；
- 想要成为有钱人，你必须做出四个选择；跳出思维定势，确定早起"飞行计划"，撬动资源杠杆；懂得何时该放弃，何时该坚持，才能使财富持续倍增。
- 搭建你的自我领导体系，以绝对会产生结果的方式进行自我肯定。

　　早起的真正价值就是，在那段安静的时间里，当世界都在沉睡，而你却完全掌控了自己的人生，这就是你发现每一天不可思议的潜力，进入致富快车道的时候。

《高效沟通的艺术》

[美] 莎丽·哈莉 著

伍文韬 陈姝 译

定价: 62.00元

用沟通艺术展现核心竞争力
人际无压力，工作更高效！

　　只擅于被动迎合的我们，是否常常莫名其妙地遭遇尴尬、误解和拒绝？每当遭遇这类事件，我们总会猜测各种原因，但这些猜测不但毫无意义，还会让我们失去行动的勇气。告别"猜测"， 我们需要有提要求并讲真话的勇气，要积极主动地与他人坦率沟通，让每个人都能畅所欲言。

　　《高效沟通的艺术》将为你提供一条简单、新奇的职场升级捷径：多询问、少猜测。在这种技巧的帮助下，你将：在与所有人的交往中取得信任；避免重复劳动，工作更加高效；避免孤军作战，加强团队和部门协作；承担更大责任，赢得更多晋升机会；提升职业满意度和生活幸福感。

　　不管你是职场新人、内向星人，还是社交小白，《高效沟通的艺术》都能让你变身沟通高手，在工作和生活中掌握更多主动权。

READING
YOUR LIFE

人与知识的美好链接

20 年来，中资海派陪伴数百万读者在阅读中收获更好的事业、更多的财富、更美满的生活和更和谐的人际关系，拓展读者的视界，见证读者的成长和进步。

现在，我们可以通过电子书（微信读书、掌阅、今日头条、得到、当当云阅读、Kindle 等平台），有声书（喜马拉雅等平台），视频解读和线上线下读书会等更多方式，满足不同场景的读者体验。

关注微信公众号"**海派阅读**"，随时了解更多更全的图书及活动资讯，获取更多优惠惊喜。你还可以将阅读需求和建议告诉我们，认识更多志同道合的书友。让派酱陪伴读者们一起成长。

✴ 微信搜一搜　🔍 海派阅读

了解更多图书资讯，请扫描封底下方二维码，加入"中资海派读书会"。

也可以通过以下方式与我们取得联系：

📱 采购热线：18926056206 / 18926056062　　📞 服务热线：0755-25970306

✉ 投稿请至：szmiss@126.com　　🔵 新浪微博：中资海派图书

更 多 精 彩 请 访 问 中 资 海 派 官 网　　(www.hpbook.com.cn ▸)